Imasugu Tsukaeru Kantan Series : MacBook

技術評論社

第1章 MacBookの基本

第2章 MacBookの基本操作

第3章　インターネットやメールを利用する

第4章 写真／音楽／動画を楽しむ

第5章 アプリケーションを活用する

第6章 iPhone／iPadと連携する

第7章 MacBookをより便利に使う

第8章 MacBookのQ&A

ご注意：ご購入・ご利用の前に必ずお読みください

- 本書に記載された内容は、情報の提供のみを目的としています。したがって、本書を用いた運用は、必ずお客様自身の責任と判断によって行ってください。これらの情報の運用の結果について、著者および技術評論社、メーカーはいかなる責任も負いません。

- ソフトウェアに関する記述は、特に断りのない限り、2021年5月現在での最新バージョンをもとにしています。ソフトウェアはバージョンアップされる場合があり、本書での説明とは機能内容や画面図などが異なってしまうこともあり得ます。あらかじめご了承ください。

- インターネットの情報については、URLや画面などが変更されている可能性があります。ご注意ください。

- 本書は、以下の環境での動作を確認しています。ご利用時には、一部内容が異なることがあります。あらかじめご了承ください。
  パソコンのOS：macOS Big Sur（11.3）
  Webブラウザ　：Safari（14.1）
  iPhone／iPadのOS：iOS 14.5.1

以上の注意事項をご承諾いただいた上で、本書をご利用願います。これらの注意事項をお読みいただかずに、お問い合わせいただいても、技術評論社は対応しかねます。あらかじめご承知おきください。

Chapter 01

第1章

MacBookの基本

MacBookについて知ろう

▼覚えておきたいキーワード
Apple M1チップ
MacBook Air
MacBook Pro

MacBookはアップルが販売しているノートパソコンです。ラインナップには、汎用的に使えるMacBook Air、パフォーマンスが高くプロフェッショナル用途でも使えるMacBook Proの２タイプがあります。

1 新たに生まれ変わったMacBook

2020年後半、Appleが独自に設計した「Apple M1チップ」を搭載したMacBookシリーズが登場しました。CPU性能は最大3.5倍、GPU性能は最大6倍、バッテリーは一世代前のMacBookよりも最大2倍長く持続します。本体の見た目はほとんど変わりませんが、中身はとても高速かつ省電力なのが特徴で、今まで以上にMacBookを活用できるようになりました。
なお、本書執筆時点では、Apple M1チップを搭載したMacBook AirとMacBook Pro、かつてのIntel製プロセッサを搭載したMacBook Proが発売されています。本書では、両方のMacBookに対応していますが、画面や操作の説明は基本的にはApple M1チップを搭載したMacBook Proで行っています。

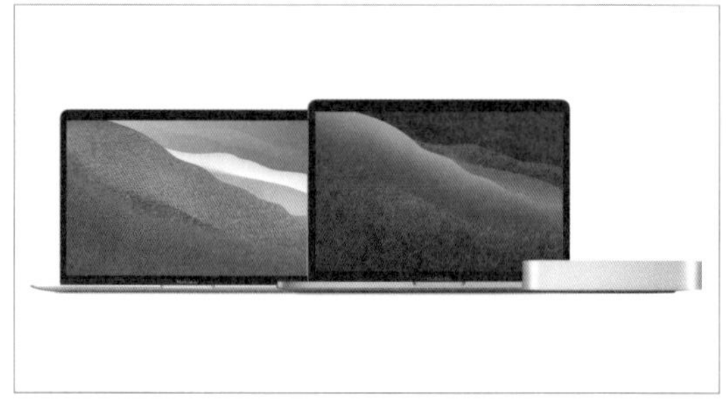

新たに生まれ変わったMacBookシリーズ

Apple M1チップを搭載し、より快適にMacBookを利用することができる

MacBookのOSと標準アプリケーション

MacBookには、OSとしてアップルが開発・提供するmacOSが搭載されています。本書では、執筆時点での最新OSである「macOS Big Sur」を対象にしています。また、標準アプリケーションには、Webブラウザ「Safari」やメールを送受信する「メール」、音楽を楽しめる「ミュージック」、地図を表示する「マップ」などがインストールされています。そのほかにも、App Storeからアプリケーションをインストールして、さまざまな用途でMacBookを活用することが可能です。

2 MacBookの種類

MacBook Air

MacBook Airは、軽量薄型の標準的なモデルです。13.3インチのディスプレイを搭載し、バッテリーはApple TVアプリのムービー再生時で最大18時間持ちます。重さも1.29kgと軽いので、気軽に持ち運んで使うことができます。

MacBook Airのスペック	
ディスプレイ	13.3インチ
CPU	Apple M1チップ
メモリ	8GB（最大16GB）
ストレージ	256GB（最大2TB）
サイズ	30.41×21.24×0.41～1.61cm
重量	1.29kg
価格	10万4,800円～

軽量薄型で持ち運んで使えるMacBook Air

外観デザインはこれまでのMacBook Airと同じ

MacBook Pro

MacBook Proはよりパワフルなモデルで、動画編集やビジネスなどの現場で使われています。バッテリーはApple TVアプリのムービー再生時で最大20時間と長く、アプリケーションごとに機能が変わるタッチパネル式ファンクションキー「Touch Bar」を搭載しているのがMacBook Airとの違いです。ディスプレイはMacBook Airと同じく13.3インチですが、Intelプロセッサ版では16インチのモデルもあります。

MacBook Proのスペック		
ディスプレイ	13.3インチ	16インチ
CPU	Apple M1チップ	Intel Core i7/i9
メモリ	8GB（最大16GB）	16GB（最大64GB）
ストレージ	256GB（最大2TB）	512GB（最大8TB）
サイズ	30.41×21.24×1.56cm	35.79×24.59×1.62cm
重量	1.4kg	2.0kg
価格	13万4,800円～	24万8,800円～

パワフルに使えるMacBook Pro

アプリケーションごとに機能が変わるタッチパネル式ファンクションキー「Touch Bar」を搭載

Section 02

MacBookの各部名称を知ろう

▼覚えておきたいキーワード
トラックパッド
ディスプレイ
充電

MacBookはディスプレイ、キーボード、トラックパッド、カメラなど、多くのパーツからできています。また、周辺機器と接続するポートが搭載されているので、確認しておきましょう。

1 MacBookの各部名称

ここでは、MacBook Proを例に各部名称を解説します。

FaceTime HDカメラ
他のMacBookやiPhoneなどとテレビ会議ができる「FaceTime」で使うインカメラ。

Retinaディスプレイ
高精細で文字や写真、映像などをはっきりと表示できるディスプレイ。

バックライトMagic Keyboard
キーの印字を光らせることで、暗いところでも見やすいキーボード。指紋認証にも対応したTouch IDセンサーは電源ボタンも兼ねている。

感圧タッチトラックパッド
指を使ったジェスチャに対応するトラックパッド。圧力感知機能により、トラックパッドを押し込む操作も感知できる。

Thunderbolt/USB 4ポート
Thunderbolt 3およびUSB 4に対応したポートが2つある。USBメモリやディスプレイなどの周辺機器を接続することができ、電源ポートも兼ねている。

2 MacBookを充電する

1 電源アダプタを用意する

MacBookを充電するには、付属の電源アダプタとUSB-C充電ケーブルを用意して接続します。

2 Thunderbolt/USB 4ポートに接続する

USB-C充電ケーブルをMacBookのThunderbolt/USB 4ポートに接続し、ACウォールプラグをコンセントに挿し込みます。

3 充電されていることを確認する

充電中は、ステータスメニューのバッテリーアイコン表示が変わります。アイコンをクリックすると1、充電状態などが表示されます2。

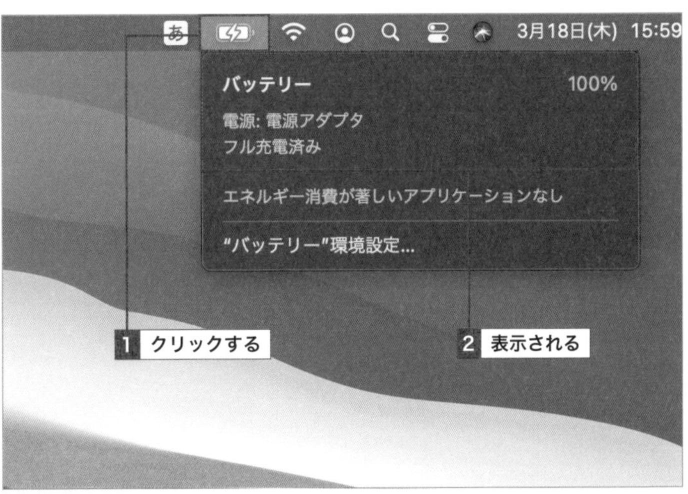

Section 03

MacBookを起動／終了しよう

▼覚えておきたいキーワード
起動
スリープ
システム終了

MacBookを使う前に電源のオン／オフの方法をマスターしましょう。MacBookを使うときは、Touch IDキーを押して電源を入れます。充電されていれば、電源アダプタを接続しなくても利用できます。

1 MacBookの電源をオンにする

1 Touch IDキーを押す

キーボード右上にあるTouch IDキーを押すと1、MacBookの電源がオンになります。

2 ログインパスワードを入力する

ログイン画面が表示されたら、ユーザ名のアイコンをクリックし、ログインパスワードを入力して、returnキーを押します1。

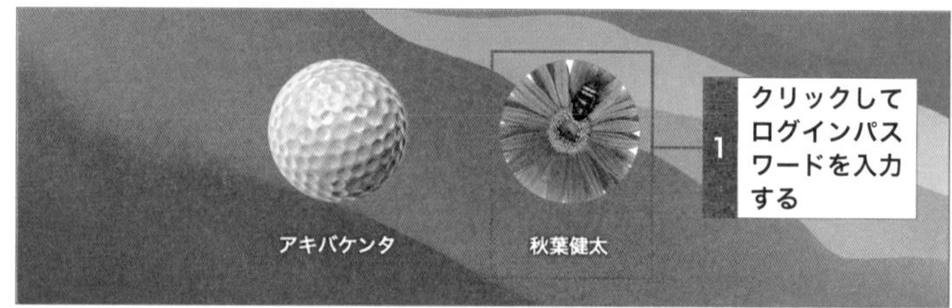

3 デスクトップ画面が表示される

デスクトップ画面が表示され1、MacBookを使えるようになります。

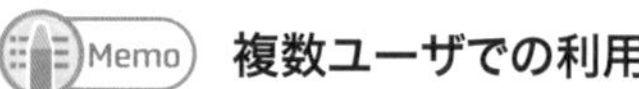

複数ユーザでの利用

1台のMacBookを複数のユーザで使うこともできます。使用者ごとにユーザを作っておけば、アプリケーションや設定など異なる環境で利用できます(Sec.96参照)。複数のユーザを登録している場合、ログイン画面には複数のユーザ名とアイコンが表示されます。

2 MacBookをスリープ状態にする

1 ディスプレイを閉じる

ディスプレイを閉じると1、MacBookがスリープ状態になります。再開するには、ディスプレイを開きます。

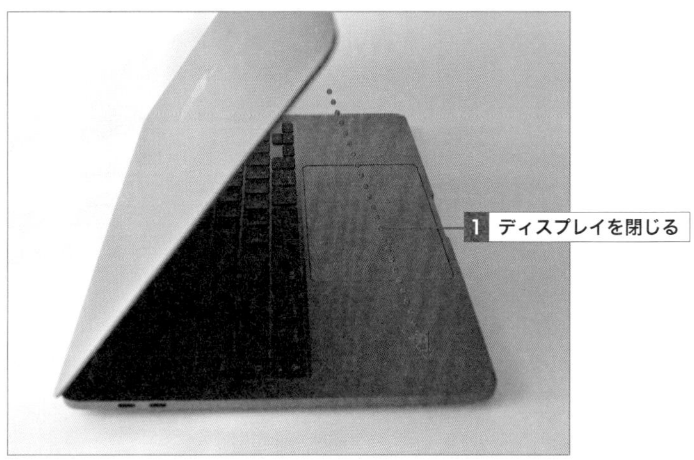

スリープ

スリープとは、MacBookを休止状態にすることです。ディスプレイを開いたり、キーボードを操作すると、すぐに起動します。なお、スリープ中でもバッテリーは消費するので、長時間使わないときには、電源をオフにしたほうがよいでしょう。

3 MacBookの電源をオフにする

1 Appleメニューを表示する

をクリックしてAppleメニューを表示し1、＜システム終了＞をクリックします2。

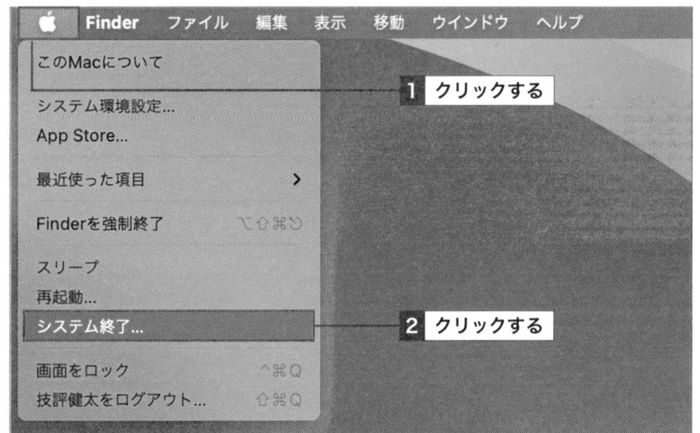

2 システムを終了する

＜システム終了＞をクリックすると1、電源がオフになります。

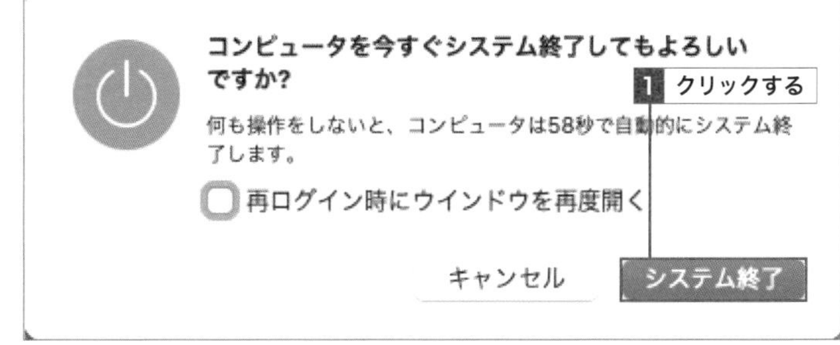

Hint MacBookの再起動

MacBookの調子が悪いときは、MacBookを再起動する（一度電源をオフにして再度電源をオンにする）ことで解決する場合があります。MacBookを再起動するには、上記のAppleメニューで＜再起動＞をクリックします。

MacBookの初期設定を行おう

▼覚えておきたいキーワード
Apple ID
iCloud
アカウント

新しくMacBookを買ったときは、最初に初期設定を行う必要があります。画面の指示に従って必要な情報を入力するだけなので、決して難しくはありません。

1 MacBookの初期設定を行う

MacBookの初期設定を行う場合は、あらかじめWi-Fiネットワークに接続できる環境と携帯電話（スマートフォン）が必要です。なお、使用している機種やOSの種類によっては、表示される画面が本書とは異なる場合があります。

1 使用する言語を選ぶ

MacBookで使用する言語を選択します。ここでは、＜日本語＞をクリックし❶、＜→＞をクリックします❷。

2 使用する国を選ぶ

MacBookを使用する国を選択します。ここでは、＜日本＞をクリックし❶、＜続ける＞をクリックします❷。

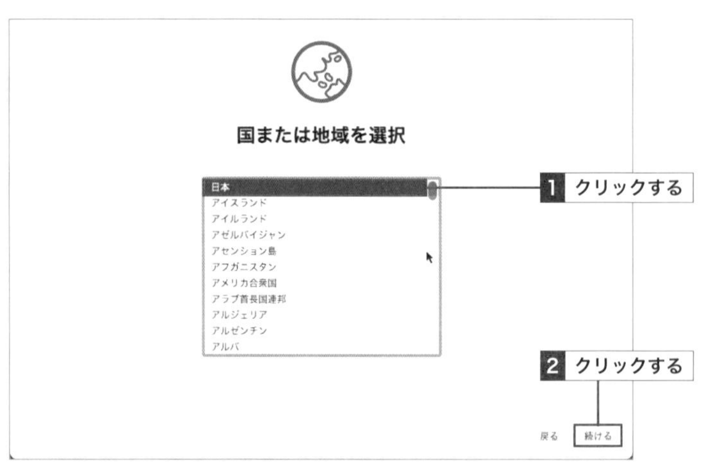

3 入力方法を確認する

表示する言語とキーボードや音声での入力方法が表示されます。確認して<続ける>をクリックします❶。その後、アクセシビリティに関する画面が表示された場合は<今はしない>をクリックします。

4 Wi-Fiネットワークを選ぶ

接続するWi-Fiネットワークをクリックし❶、パスワードを入力して❷、<続ける>をクリックします❸。「データとプライバシー」画面が表示された場合は、<続ける>をクリックします。

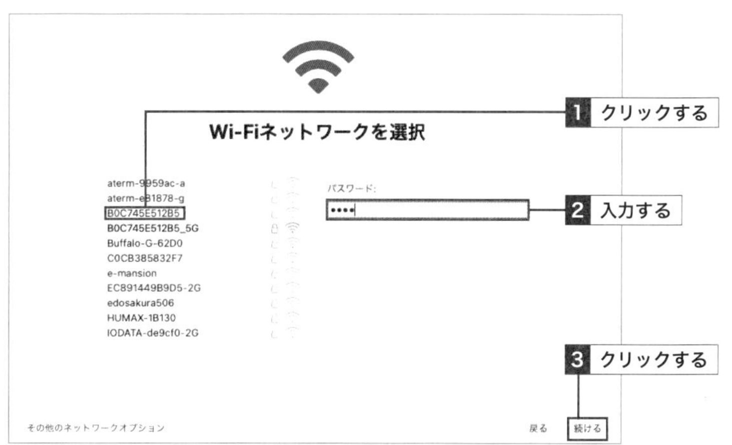

5 データ転送の設定を選ぶ

他のMacやTime Machineの バックアップ、Windowsパソコンからデータを転送するか選択します。ここでは、<今はしない>をクリックします❶。

Memo キーボードの入力方法

手順3では、設定した言語に応じて、キーボードからの入力方法と音声入力の言語が表示されます。初期状態ではローマ字入力となっているので、かな入力にしたい場合は<設定をカスタマイズ>をクリックし、<続ける>→<＋>→<日本語-かな入力>→<追加>→<続ける>をクリックすることで変更できます。

2 Apple IDを作成する

1 Apple IDを作成する

Apple IDをすでに持っている人は、Apple IDとパスワードを入力します。ここでは、新規にApple IDを作成するので、<Apple IDを新規作成…>をクリックします1。

Hint iPhoneのApple IDを使う場合

iPhoneなどですでにApple IDを作成している場合は、作成済みのApple IDを入力してサインインすることができます。

2 Apple IDを登録する

生年月日を設定し1、<続ける>をクリックします2。

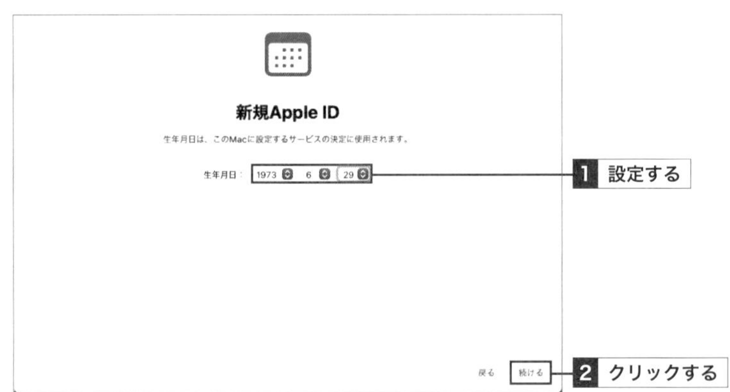

3 姓名とメールアドレスを入力する

姓名を入力し1、<無料のiCloudメールアドレスを入手>をクリックして希望するiCloudのメールアドレスを入力します2。その後、パスワードに設定する文字列を入力し3、<続ける>をクリックします4。

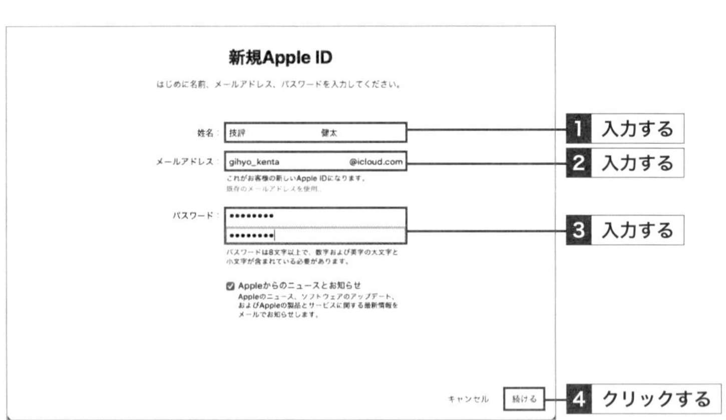

Memo iCloudメールアカウントの作成

手順3では、Appleが提供する「iCloudメール」のメールアカウントを作成しています。作成されたメールアドレスは、「メール」アプリなどでメールの送受信に使用することができます（Sec.32参照）。

4 携帯電話番号を入力する

<+81（日本）>を選択し❶、自分の携帯電話番号を入力します❷。SMSをクリックし❸、<続ける>をクリックすると❹、確認コードがSMSで届きます。

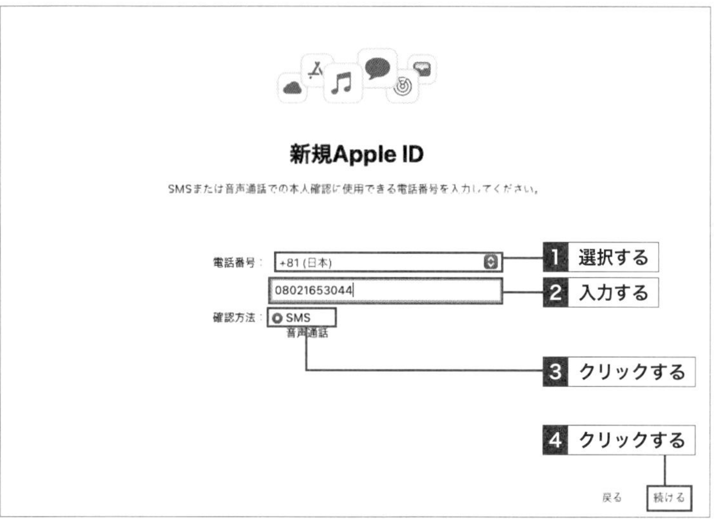

Hint 音声通話を選んだ場合

音声通話を選ぶと、Appleから自動応答の電話で確認コードが通知されます。

5 確認コードを入力する

Appleから通知された確認コードを入力します❶。

6 利用規約に同意する

利用規約が表示されるので、それらを確認し、問題がなければ<同意する>→<同意する>をクリックします❶。

利用規約

お客様のMacコンピュータ、macOSソフトウェア、iCloud、Appleメディアサービスおよび関連サービスのご利用は、これらの規約が適用されます。注意深くお読みください。

A. macOSソフトウェア使用許諾契約
お客様は、「同意します」ボタンをクリックすることにより、これらAppleおよび第三者の各規約の拘束を受けることに同意されたことになります。 詳しく表示...

B. iCloud利用規約
お客様が以下の条件を閲読し、かつ、理解されることは重要です。「同意する」をクリックすることにより、お客様は、iCloudサービスへのアクセスまたはご利用を選択される場合に、これらの条件が適用されることに同意することになります。 詳しく表示...

C. Appleメディアサービス利用規約
本契約を注意深くお読みください。本契約の理解と了承を確定するには、「同意する」をクリックしてください。 詳しく表示...

D. 保証
Apple 製品 1 年限定保証の規定をお読みください。 詳しく表示...

ライセンス、保証、その他の重要な製品情報はシステムに保存されており、「このMacについて」か きます。ライセンスは www.apple.com/jp/legal/sla/ でも参照できます。

1 クリックする

戻る 同意する

3 MacBook用のコンピュータアカウントを作成する

1 MacBook用のコンピュータアカウントを作成する

MacBookで使用するコンピュータアカウントを作成します。フルネームを入力し1、アカウント名を入力します2。その後、MacBookにログインする際のパスワードにする文字列を2回入力し3、<続ける>をクリックします4。

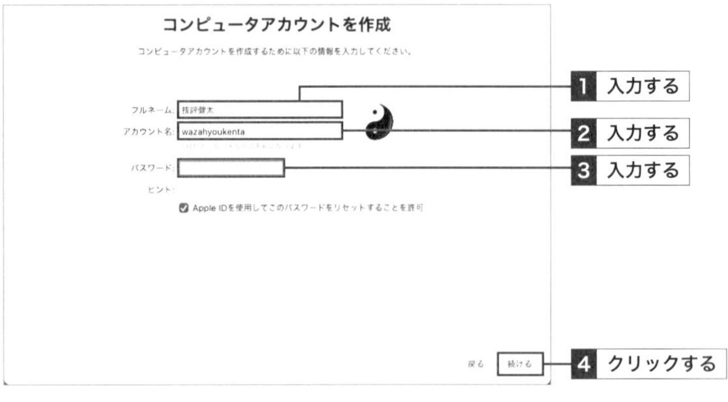

2 アカウントが設定される

インターネットに接続し、アカウントの設定が行われます。しばらく待っていると、アカウントの設定が終わります。

Memo Apple IDとコンピュータアカウントの違い

Apple IDは、App StoreやiCloudなどAppleのサービスを利用する際に使います。コンピュータアカウントとは、MacBookに設定するためのユーザアカウントのことで、MacBookの電源を入れてログインするときなどに使用します。

4 そのほかの設定を行う

1 エクスプレス設定をする

MacBookでは、MacBookの位置情報を利用したり、アプリケーションのクラッシュ情報をAppleに送ったりします。この設定を変更したいときは<設定をカスタマイズ>で変更可能です。ここでは、初期設定のまま<続ける>をクリックします1。

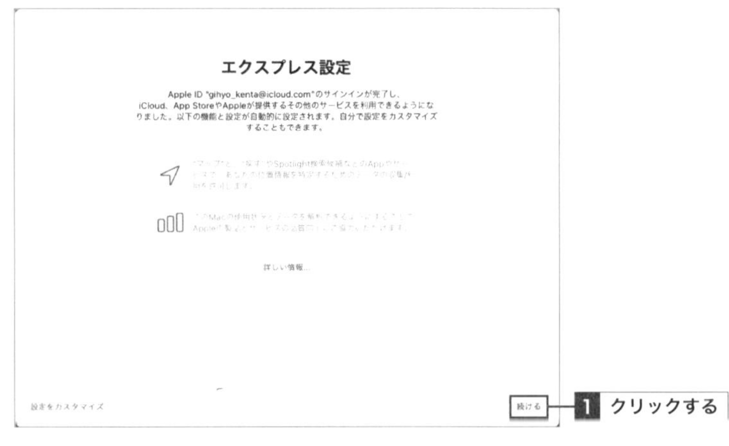

2 使用状況のデータを送信する

アプリケーションがクラッシュしたときなどの使用状況データをAppleに送信してもよければ、チェックボックスにチェックを入れて❶、<続ける>をクリックします❷。

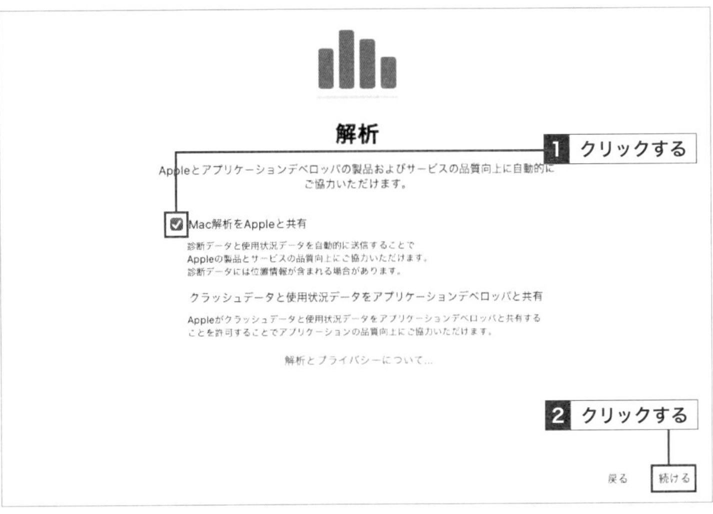

3 スクリーンタイムの設定を行う

MacBookの使用状況を監視するスクリーンタイムを使うかどうかを設定します。ここでは、<あとで設定>をクリックします❶。

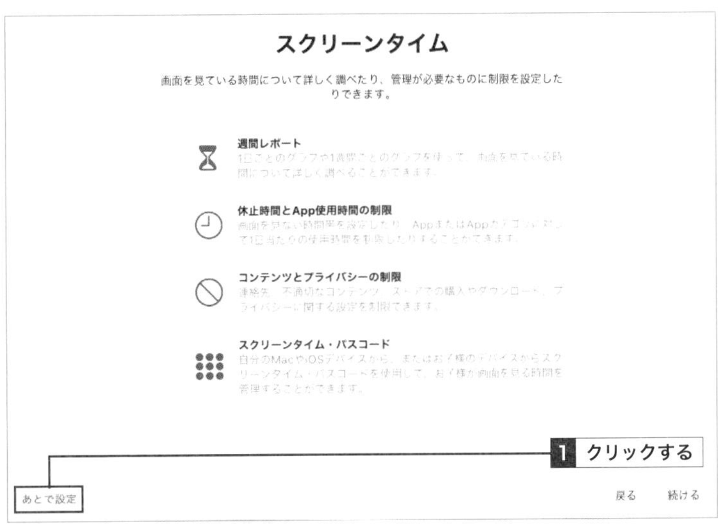

4 Siriを使う設定を行う

音声アシスタントのSiriを使う場合は、チェックボックスにチェックを入れて❶、<続ける>をクリックします❷。

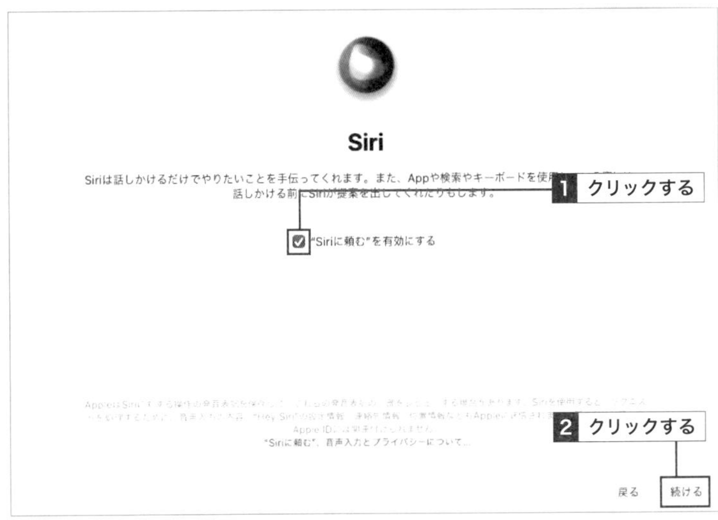

5 “Hey Siri”を設定しない

“Hey Siri”を設定すると、“Hey Siri”としゃべりかけるだけで音声アシスタントが利用できます。ここでは、<“Hey Siri”をあとで設定>をクリックし1、次の画面で<今はしない>→<続ける>をクリックします。

6 ディスク暗号化の設定をする

FileVaultディスク暗号化の画面が表示された場合は、チェックボックスにチェックを入れて1、<続ける>をクリックします2。

7 Touch IDの設定をしない

指紋認証でログインが行えるTouch IDの設定は後でも行えるので、<Touch IDをあとで設定>→<続ける>をクリックします1。

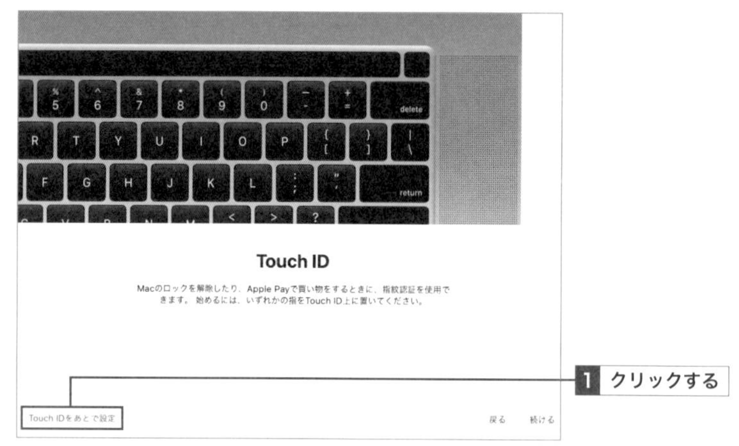

Memo 初期設定は後からでも変更可能

初期設定の設定内容は、機種やOS、設定内容によって設定項目が本書と異なる場合があります。設定は後からでも変更できるので、よくわからない項目は後で設定するように進めておくとよいでしょう。

8 外観モードを選択する

外観モードの選択画面が表示されたらここでは、<ライト>が選択された状態で<続ける>→<続ける>をクリックします❶。

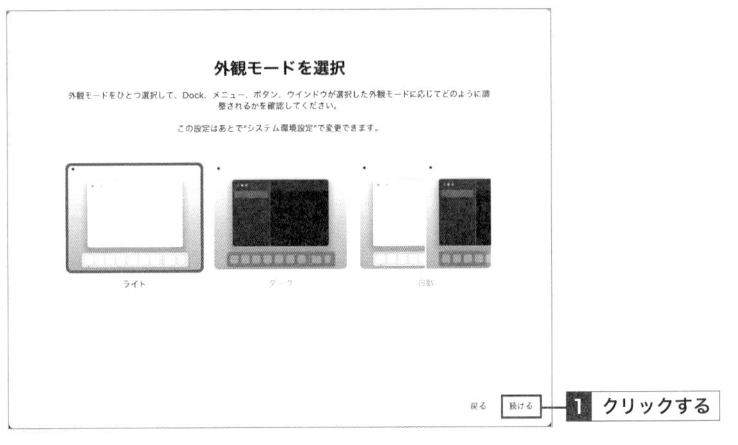

5 MacBookの設定が完了する

1 MacBookの設定が行われる

MacBookに設定を適用しています。しばらく待っていれば、設定完了です。

2 デスクトップ画面が表示される

その後デスクトップ画面が表示され、MacBookの操作が行えるようになります。

Memo macOSを再インストールするには

Apple IDを取得し直したい場合やアカウントを作り直したい場合は、MacBookを初期化してmacOSを再インストールする必要があります。macOSを再インストールするには、Touch IDキーを押して電源を入れた後Touch IDキーを押したままにし、<オプション>→<続ける>をクリックして画面の指示に従います(Intelプロセッサ版の場合は、電源を入れた後 command キーと R キーを押したままにします)。macOSユーティリティが起動し、macOSのインストールなどが行えるようになります。

MacBookの基本画面を知ろう

▼覚えておきたいキーワード
デスクトップ
メニューバー
ステータスメニュー

MacBookの操作画面のことを「デスクトップ」と呼び、メニューバーやステータスメニュー、Dockなどから構成されています。また、Mission ControlやLaunchpadといった画面もよく使うので覚えておきましょう。

1 デスクトップの各部名称

起動した直後のデスクトップ画面は、以下のようにとてもシンプルな表示となっています。画面左上のメニューを操作したり、画面右上のステータスメニューでMacBookの状態を確認したり、画面下のDockからアプリケーションを起動したりすることができます。

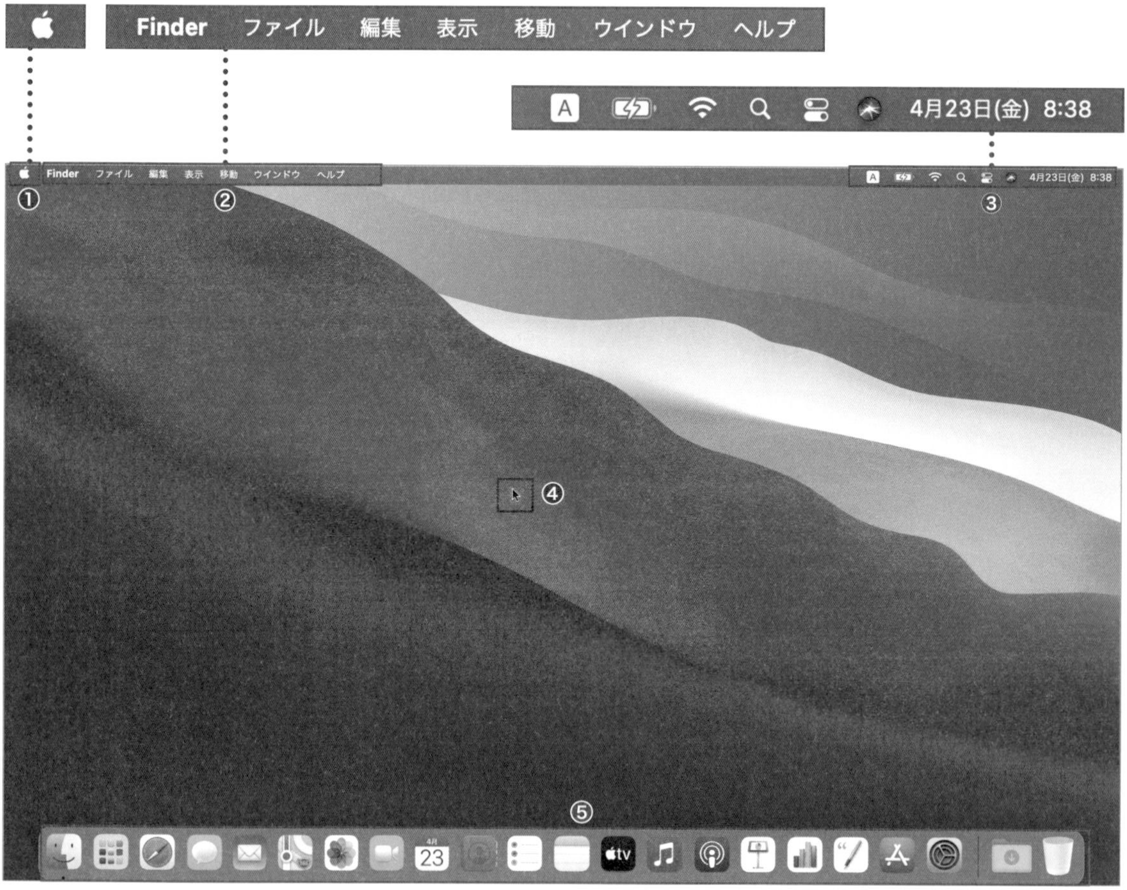

Finder ファイル 編集 表示 移動 ウインドウ ヘルプ

A 4月23日(金) 8:38

①
②
③
④
⑤

以下は、アプリケーションを起動してウインドウを表示し、通知画面を表示した画面です。ウインドウは、移動したり、大きさを変えたり、一時的に閉じたりして使うことができます。

❶	Apple メニューアイコン	メニューバーの左端に常に表示されるリンゴの形のアイコンのことです。クリックすると「Appleメニュー」が表示され、MacBookの電源をオフにしたり、再起動したりすることができます。
❷	メニューバー	アプリケーションを操作するためのメニューが表示されます。クリックすることで、さらにメニューが表示されます。アプリケーションによって表示内容が異なります。
❸	ステータスメニュー	Wi-Fiの状況やバッテリー残量などを表示するアイコンが並んでいます。ここを見るだけで、MacBookの状態を確認することができます。
❹	マウスポインタ	マウスやトラックパッドを使って動かすことができる矢印のアイコンのことです。マウスポインタを使って、メニューやアイコンを操作します。
❺	Dock	よく使われるアプリケーションのアイコンが並んでいます。アイコンをクリックするとアプリケーションが起動します。
❻	アプリケーション ウインドウ	アプリケーションを起動すると、アプリケーションウインドウが表示されます。このウインドウ内でアプリケーションを操作します。
❼	Finder	フォルダに格納されているファイルやフォルダの一覧が表示されます。Dockの左端にある＜Finder＞アイコンをクリックすると表示されます。
❽	通知センター	アプリケーションやシステムからの通知の一覧が表示されます。通知する内容は自由に登録できます。ステータスメニューの日付部分をクリックするか、トラックパッドの右端から左方向に2本指でスワイプすることで表示されます。

2 コントロールセンターを使う

Wi-FiやBluetoothのオン／オフ、ディスプレイの明るさや音量の設定をすばやく行うには「コントロールセンター」を使うと便利です。

1 コントロールセンターを表示する

ステータスメニューのコントロールセンターアイコン をクリックします1。

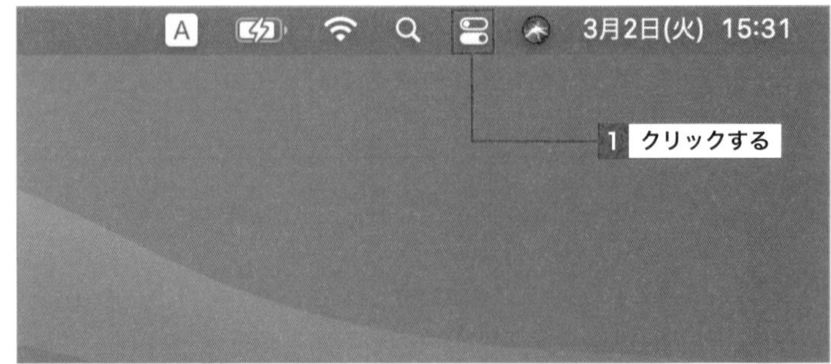

2 コントロールセンターが表示される

コントロールセンターが表示されます。操作したいコントロールをクリックして設定を変更します。ここではオンになっているBluetoothのアイコンをクリックします1。

3 Bluetoothがオフになる

Bluetoothの設定がオフになりました。もう一度クリックするとオンになります。

Hint コントロールセンターのそのほかの機能

コントロールセンターでは、そのほかに「ディスプレイ」のスライダーをドラッグすることでディスプレイの明るさ調整、「サウンド」のスライダーをドラッグすることで音量調整が行えます。また、「ミュージック」で楽曲の再生や停止、次の楽曲への移動が行えます。

3 通知センターを使う

アプリケーションからの通知やウィジェット（Sec.78参照）をまとめて表示するのが「通知センター」です。通知センターとコントロールセンターは同時に表示することができません。

1 通知センターを表示する

ステータスメニューの日付部分をクリックします■。

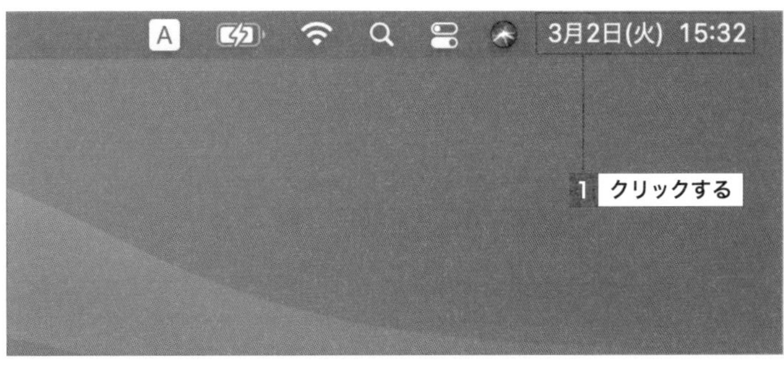

2 通知センターが表示される

通知センターが表示されます。通知をクリックすると、該当するアプリケーションが起動します。再度メニューバーの日付部分をクリックします■。

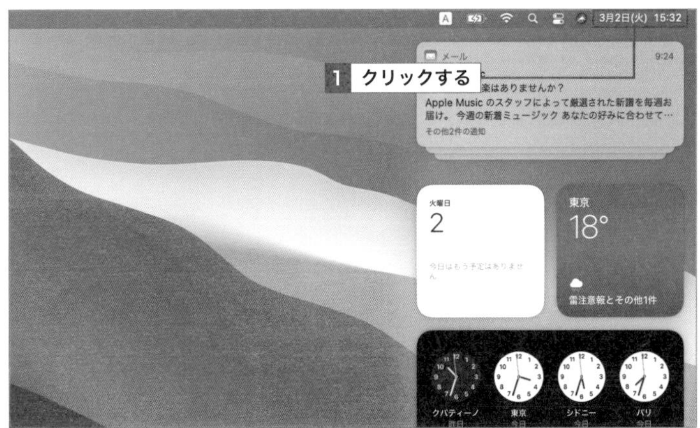

3 通知センターを消す

通知センターが消えます。

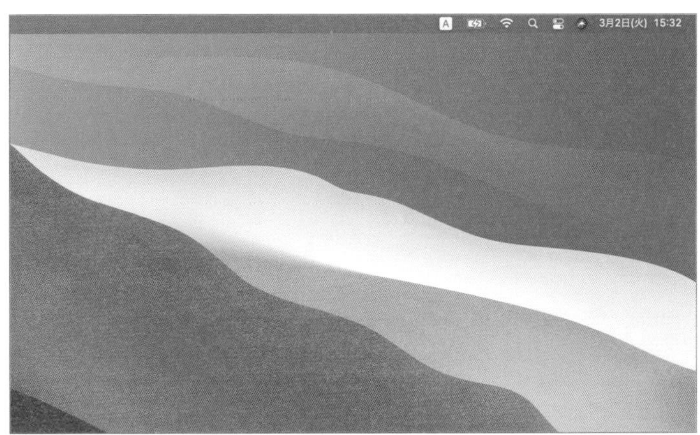

Hint 通知センターをすばやく表示

通知センターは、トラックパッドを右端からから左方向に2本指でドラッグすることでも表示できます。通知センターを表示している状態でトラックパッドを中央から右端に2本指でドラッグすると、通知センターが消えます。

4 Mission Controlを使う

アプリケーションなどのウインドウがたくさん表示されている場合は、Mission Controlを使うとウインドウを一覧表示することができます。そこから表示したいウインドウを選択することもできるほか、デスクトップを追加して切り替えて使うこともできます。

1 Mission Controlを表示する

複数のウインドウが表示された状態で、トラックパッドを3本指で上方向にスワイプします1。

Hint デスクトップ画面に戻る

Mission Controlを表示した状態でトラックパッドを3本指で下方向にスワイプすると、デスクトップ画面に戻ります。

2 ウインドウが表示される

それぞれのウインドウがサムネイルで見やすく表示されます。ウインドウのサムネイルをクリックすると、そのウインドウが手前に表示された状態でデスクトップ画面に戻ります。

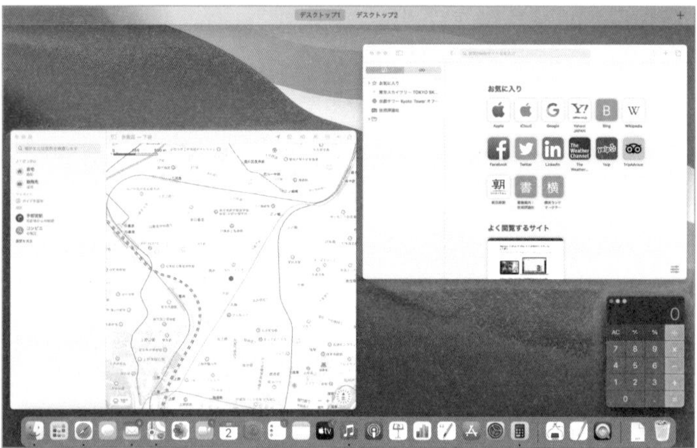

3 デスクトップを追加する

手順2の画面で画面右上の＜＋＞をクリックし1、表示される＜デスクトップ2＞をクリックします2。

4 デスクトップが追加される

新しいデスクトップが追加されます。トラックパッドを3本指で左右にスワイプすることで、2つのデスクトップを切り替えて使うことができます❶。

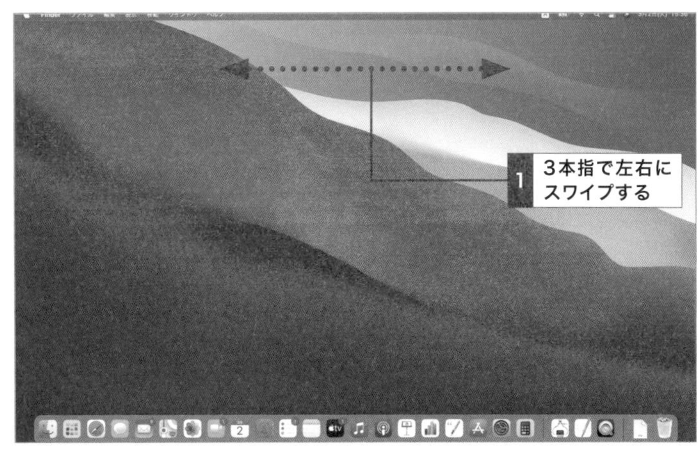

デスクトップの削除

追加したデスクトップを削除するには、手順3の画面で削除したいデスクトップ左上の<×>をクリックします。

5 Launchpadを使う

Dockに表示されていないアプリケーションは、Launchpadから起動することができます。

1 Launchpadを表示する

Dockの<Launchpad>アイコンをクリックするか❶、トラックパッドを親指と3本指でピンチクローズすると、画面全体にアプリケーションのアイコンが一覧表示されます❷。

デスクトップ画面に戻る

Launchpadを表示した状態でトラックパッドを親指と3本指でピンチオープンすると、デスクトップ画面に戻ります。

2 アプリケーションを起動する

フォルダの場合はクリックすることでそのフォルダ内のアプリケーションが画面全体に表示されます。アイコンをクリックすることでアプリケーションが起動します❶。

Section 06

システム環境設定について知ろう

▼覚えておきたいキーワード
システム環境設定
設定確認
設定変更

MacBookで画面やシステムの設定確認や設定変更を行う場合は、「システム環境設定」から行います。ネットワークやセキュリティ、iCloudなどの設定もここから行います。

1 システム環境設定を起動する

1 Appleメニューを表示する

をクリックし1、<システム環境設定>をクリックします2。

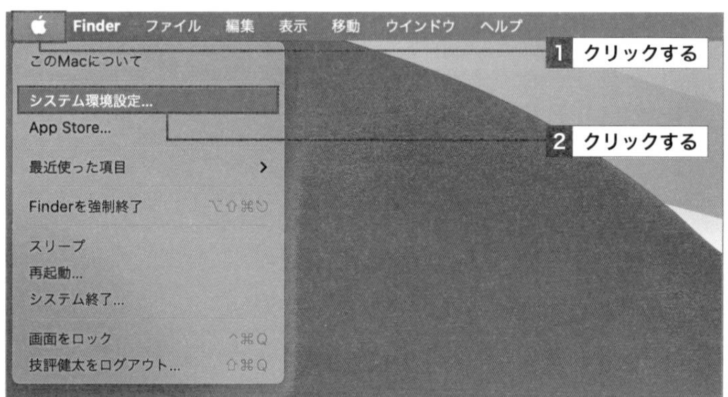

2 システム環境設定が表示される

システム環境設定のウインドウが表示されます。設定を変更したいアイコンをクリックし、設定作業を行います。すでに設定項目が選択されていて図が画面と異なる場合は、画面左上の をクリックします1。

Memo **システム環境設定に項目が追加される場合もある**

MacBookに新しくアプリケーションを追加すると、システム環境設定にそのアプリケーションの設定を変更するための項目が追加されることがあります。

Chapter 02

第2章

MacBookの基本操作

Section 07

トラックパッドの使い方を覚えよう

▼覚えておきたいキーワード
- トラックパッド
- 副ボタンクリック
- 強めにクリック

画面に表示されているマウスポインタを操作するには、トラックパッドを使います。ここでは、トラックパッドの基本的な操作を紹介します。より便利な使い方は、Sec.08を参照してください。

1 トラックパッドの基本操作

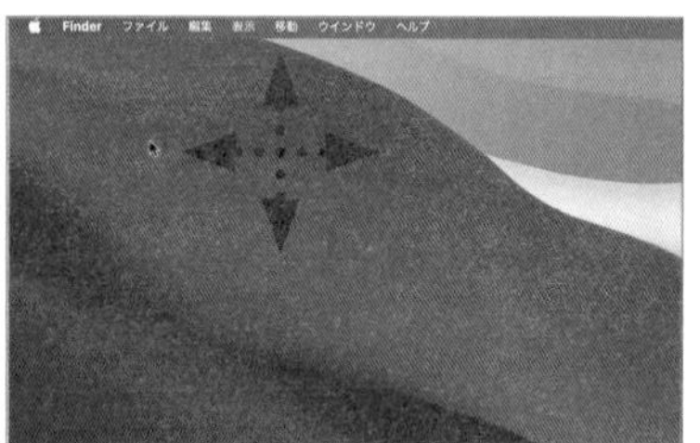
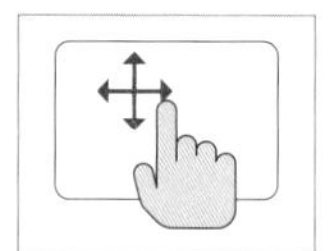

マウスポインタを動かす

トラックパッドに指を1本置き、上下左右に動かすことで、その動きに合わせて画面上のマウスポインタが移動します。

クリック（またはタップ）

トラックパッドを1回押すことをクリック（またはタップ）といいます。ボタンを押したりファイルを選択したりする場合に使います。

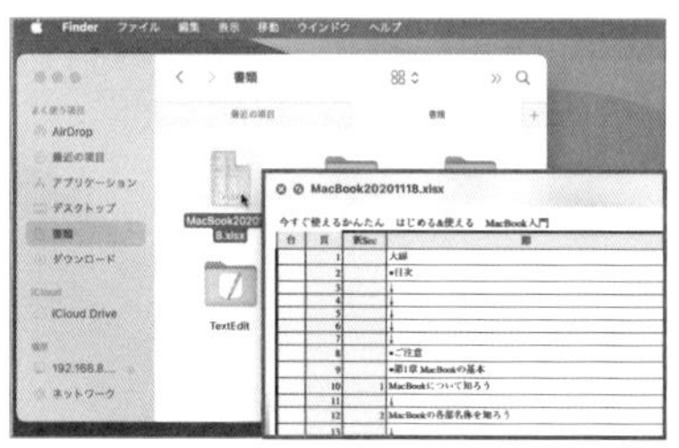

強めにクリック

トラックパッドを強めに押し込みます。クリックしてからさらに強く押し込むとわかりやすいと思います。ファイルをクイックルックでプレビュー表示したり、ファイル名を編集したりすることができます。詳しくは、P.33のMemoを参照してください。なお、感圧タッチトラックパッドを搭載した機種でのみ利用可能です。

ダブルクリック

トラックパッドをすばやく2回連続でクリックすることをダブルクリックといいます。ファイルやフォルダを開いたりするときに使います。単語をダブルクリックして、その単語を範囲選択することもできます。

副ボタンクリック（右クリック）

トラックパッドを2本の指で1回クリック（またはタップ）すると副ボタンクリックとなります。Windowsでいうところの右クリックのことで、コンテクストメニューの表示などに使います。また、キーボードの control キーを押しながらクリックすることでも副ボタンクリックとなります。

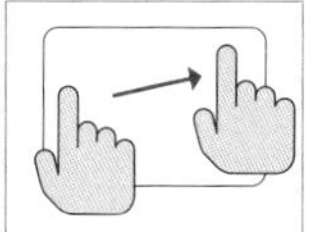

ドラッグ

トラックパッドを押しながら目的の位置までマウスポインタを動かす動作をドラッグといいます。ファイルを移動したり文字列などの範囲を選択したりする場合に使います。

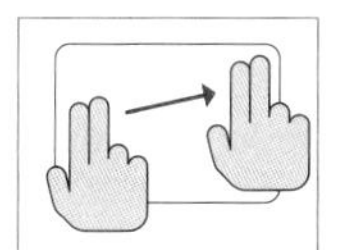

スワイプ

トラックパッドを上下左右に指ではらうように操作することをスワイプといいます。MacBookでは2本指、3本指、4本指でのスワイプでさまざまな操作が行えます。たとえば、2本指で左右にスワイプするとWebページの移動が行えます。

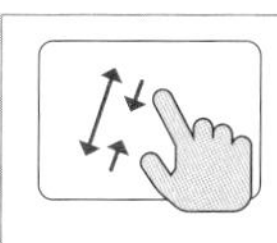

ピンチオープン／ピンチクローズ

トラックパッドを2本以上の指で広げたりつまんだりする操作をピンチといいます。開くように広げる動作をピンチオープン、つまむようにすることをピンチクローズといい、2本指の場合は写真などの拡大や縮小に使います。

「強めにクリック」でできること

感圧タッチトラックパッドに対応した機種では「強めにクリックする」という操作が行えます。アプリケーションごとに機能が設定されているため、何ができるのかはアプリケーションによって異なります。ここでは、その一例を紹介します。

ファイルのアイコン	ファイルのプレビューを表示
ファイル名	ファイル名の編集
Webページやメールのリンク	リンク先のWebページのプレビューを表示
Webページやメールのテキスト	テキストの単語の意味を表示
メールの添付画像やPDF	添付画像やPDFにマークアップ
住所	住所の地図をプレビューを表示
マップ上の位置	ピンをドロップ
日付やイベント	日付やイベントをカレンダーに追加
リマインダー	詳細情報の表示
Dockのアイコン	そのアイコンのアプリで開いているウインドウを一覧表示

Section 08 トラックパッドの便利な使い方を覚えよう

▼覚えておきたいキーワード
マルチタッチジェスチャ
2本指
3本指

トラックパッドを複数の指を使って操作するマルチタッチジェスチャを使えば、MacBookをより便利に操作することができます。ここでは、マルチタッチジェスチャの使い方を紹介します。

1 トラックパッドのマルチタッチジェスチャ

トラックパッドでは、2本指から4本指の操作でマルチタッチジェスチャが行えます。

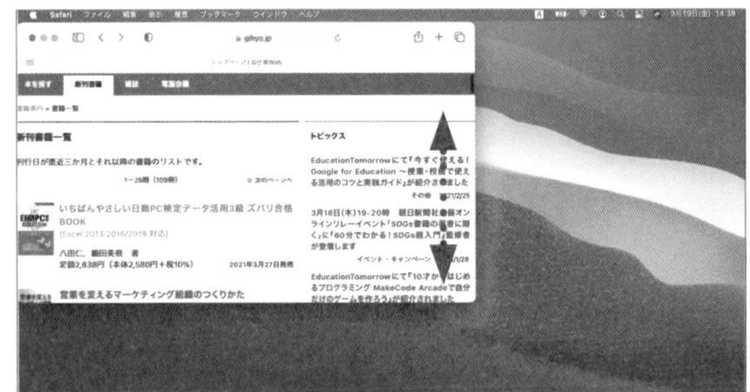

2本指で上下左右にスライド

ウインドウを上下左右にスクロールします。

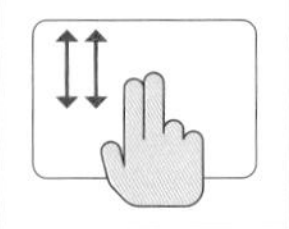

2本指で左右にスワイプ

Webページを前後に移動します。

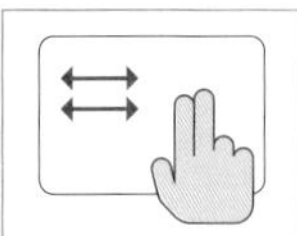

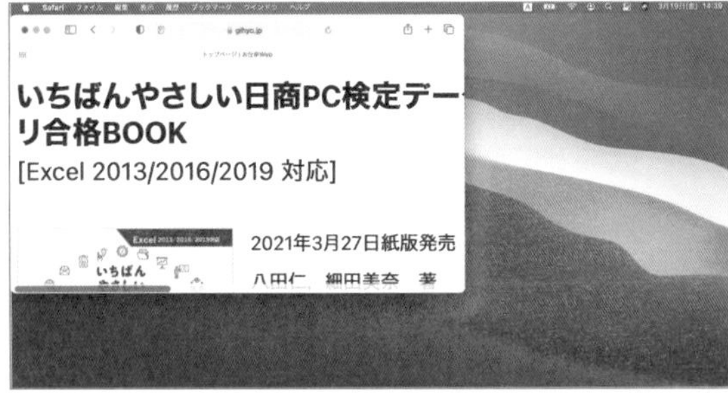

2本指でダブルタップ

WebページやPDF、写真を拡大／縮小します。

2本指でピンチ

PDFや写真を拡大／縮小します。

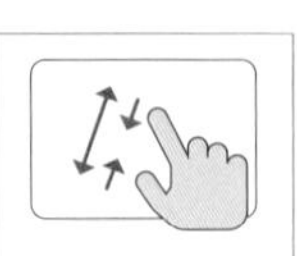

2本指で回転

PDFや写真を回転します。

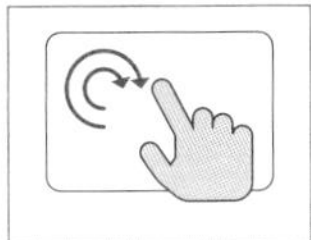

2本指で右端から左方向にスワイプ

通知センターを表示します。

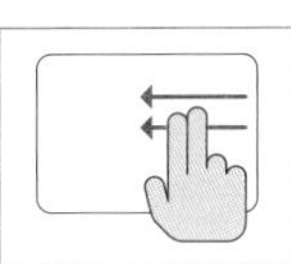

3本指で左右にスワイプ

デスクトップやフルスクリーンアプリケーションを切り替えます。

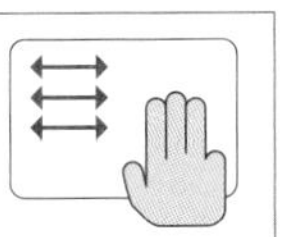

3本指または4本指で上方向にスワイプ

Mission Controlを表示します（P.28参照）。

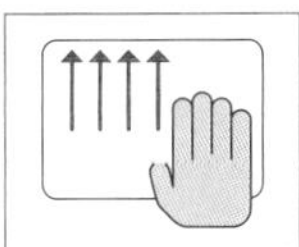

親指と3本指でピンチクローズ

Launchpadを表示します（P.29参照）。

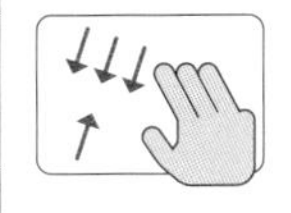

親指と3本指でピンチオープン

表示しているウインドウを隠してデスクトップを表示します。

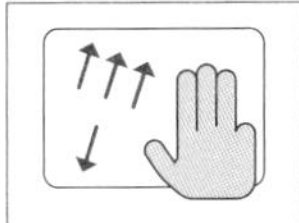

キーボードの使い方を覚えよう

▼覚えておきたいキーワード
キーボード
修飾キー
ファンクションキー

MacBookのキーボードには、さまざまなキーが用意されています。とくに[command]キーや[option]キーなどの修飾キーの配列や役割を覚えるとMacBookを効率的に使えるようになります。

1 キーボードの各部名称

MacBookのキーボードはキーが薄く、ストロークが浅いのが特徴です。文字部分の配列はWindowsパソコンのキーボードとあまり変わりはありませんが、修飾キーのなかにはMacBook独特のキーもあります。以下の写真と各部名称はMacBook Airのものです。機種によってはキーの刻印が異なる場合もあります。

❶	[esc]キー	実行している操作を中断することができます。
❷	[tab]キー	文章の位置を整えたり、フォーカスしているボタンや入力フィールドを移動したりします。
❸	[control]キー	他のキーと組み合わせることでショートカットキーとして使うことができます。このキーを押しながらクリックすると副ボタンクリックとなります。
❹	[shift]キー	アルファベットの大文字を入力したり、他のキーと組み合わせることでショートカットキーとして使うことができます。
❺	[caps]キー	キャプスロックのオン／オフを切り替えます。キャプスロックをオンにすると、アルファベットが常に大文字で入力されます。
❻	[option]キー	他のキーと組み合わせることでショートカットキーとして使うことができます。このキーを押しながらメニューをクリックすると別のメニュー項目が表示される場合があります。
❼	[command]キー	他のキーと組み合わせることでショートカットキーとして使うことができます。

❽	英数キー	文字の入力モードを「英字入力モード」に切り替えます。
❾	スペースキー	空白を入力します。また「ひらがな入力モード」の際にひらがなを漢字に変換します。
❿	かなキー	文字の入力モードを「ひらがな入力モード」に切り替えます。
⓫	Touch IDキー	電源のオンや指紋認証に使います。
⓬	deleteキー	カーソルの前にある文字を削除します。
⓭	returnキー	文字入力中に改行します。ボタンや候補などを選択したり、操作を確定する際にも使います。

MacBook独特の修飾キーの代表的なものは以下の通りです。

commandキー

文字のキーと合わせてキーボードショートカットによく使われるキーです。コピー、ペースト、保存などの代表的なキーボードショートカットはこのキーを使います。

optionキー

WindowsではAltキーに相当するキーです。キーボードショートカットでもよく使われるほか、optionキーを押しながらメニューをクリックすることで別のメニュー項目が表示される場合もあります。

deleteキー

Windowsにもdeleteキーはありますが、MacBookではdeleteキーがWindowsでのBack Spaceキーと同じ動作を行います。つまり、カーソルの前の文字を削除するのがdeleteキーの役割です。

2 ファンクションキーの機能

MacBook Airでは、F1～F12キーを押すことでさまざまな操作を行うことができます（以下の表参照）。F1～F12キーをアプリケーションなどで使われるファンクションキーとして使用する場合は、fnキーを押しながらファンクションキーを押します。MacBook Proでは、場面に応じて表示が変わるTouch Barとなっています（Sec.93参照）。

❶	画面の明るさ調整	画面の明るさを調整します。F1を押すと明るく、F2を押すと暗くなります。
❷	Mission Controlの表示	F3を押すと、Mission Controlが表示されます。
❸	Spotlightを表示	F4キーを押すと、Spotlightを表示します。
❹	音声入力	F5キーを押すと、音声入力を開始します。
❺	おやすみモード	F6キーを押すと、通知や着信がオフになります。
❻	ミュージックの操作	ミュージックの操作をします。F7で先頭に戻り、F8で再生／一時停止、F9で次へスキップします。
❼	音量を調整	音量を調整します。F10でミュート、F11で音量が下がり、F12で音量を上げます。

アプリケーションを起動／終了しよう

▼覚えておきたいキーワード
アプリケーション
起動
終了

アプリケーションを利用することで、MacBookを仕事やプライベートで幅広く活用できるようになります。ここでは、アプリケーションを起動／終了する方法を説明します。

1 アプリケーションを起動する

1 Dockのアイコンをクリックする

Dockにあるアプリケーションのアイコンをクリックします1。ここでは、「Safari」のアイコンをクリックしています。

2 アプリケーションが起動する

アプリケーション（ここでは、「Safari」）が起動し、ウインドウがデスクトップに表示されます。

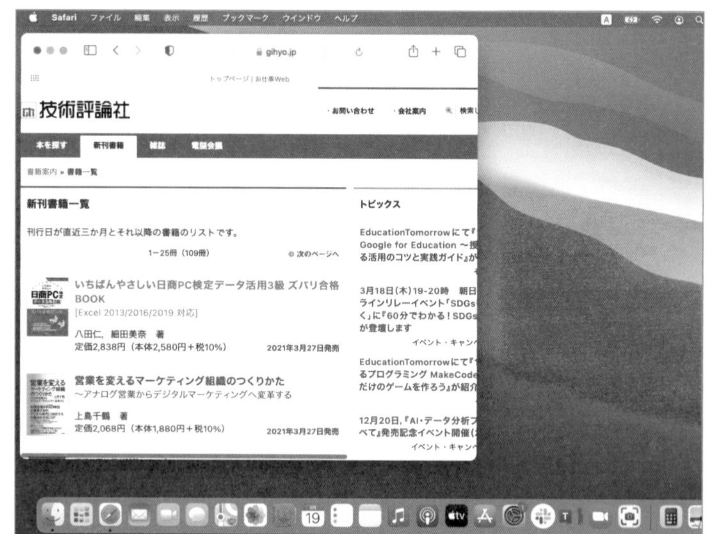

Memo Dockにアプリケーションがない場合

Dockにないアプリケーションは、Launchpadから起動することができます。Launchpadの使い方は、P.29を参照してください。また、LaunchpadのアプリケーションアイコンをDockにドラッグ＆ドロップすると、Dockに追加することができます。

2 アプリケーションを終了する

1 メニューを表示する

メニューバーのアプリケーション名をクリックし1、<（アプリケーション名）を終了>をクリックします2。

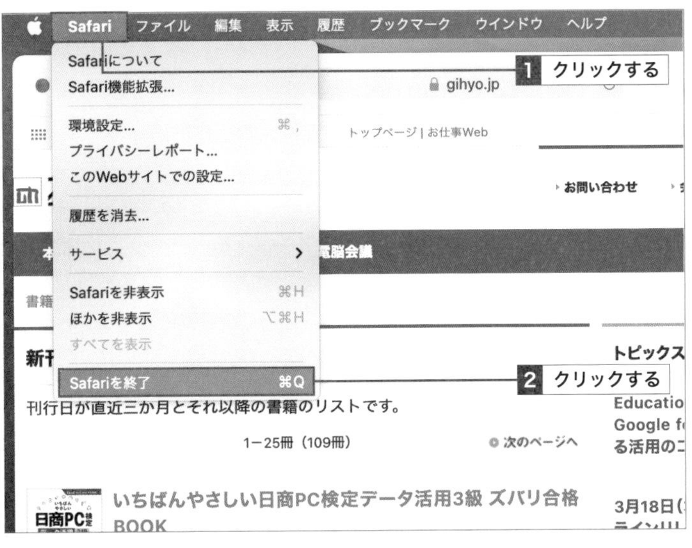

2 アプリケーションが終了する

ウインドウが閉じてアプリケーションが終了します。

Memo アプリケーション起動中／終了後の変化

アプリケーションを起動／終了すると、メニューバーに表示されている項目がアプリケーションに合わせて変わります。また、アプリケーションの起動中はDockに表示されているアプリケーションアイコンの下に黒い丸が付き、アプリケーションを終了すると黒い丸が消えます。

・アプリケーション起動中

・アプリケーション終了後

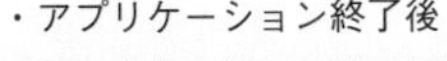

Hint ●ボタンをクリックした場合

ウインドウ左上の●ボタンをクリックするとウインドウは閉じますが、「Safari」や「メール」アプリのような複数のウインドウを持つアプリケーションは終了しません。確実に終了するには上記の操作を行うほか、キーボードショートカットのcommandキー+Qキーでも終了できます。

Section 11

アプリケーションのウインドウを操作しよう

▼覚えておきたいキーワード
ウインドウ
移動
フルスクリーン

アプリケーションを使う際、表示されているウインドウを移動したり、大きさを変えたりすることができます。また、ウインドウをDockにしまったりフルスクリーンにして表示したりすることも可能です。

1 ウインドウを移動する

1 ウインドウをドラッグする

ウインドウのタイトルバーの空いている部分をドラッグします1。

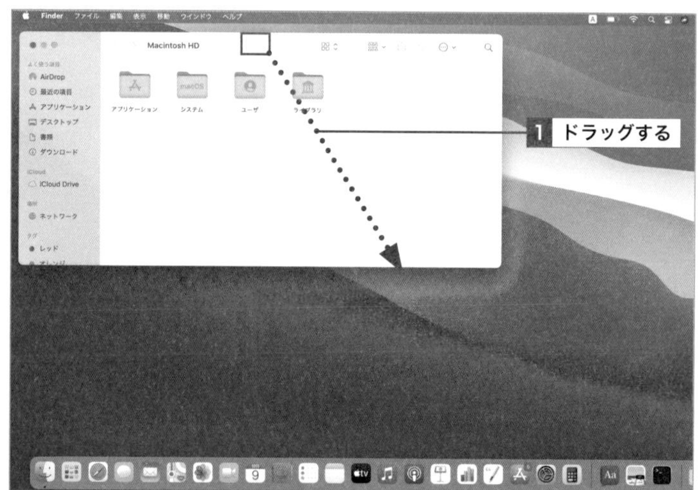

2 ウインドウが移動する

指を離すと1、その場所にウインドウが移動します。

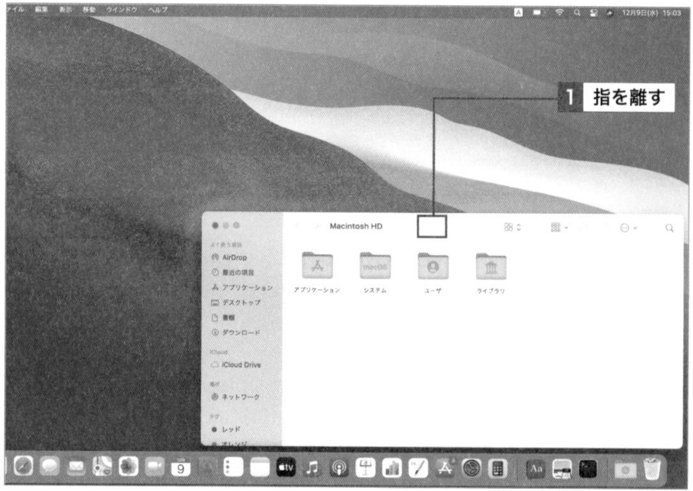

2 ウインドウの大きさを変える

1 ウインドウの端をドラッグする

ウインドウの端にマウスポインタを置くと1、カーソルの形が変わります。そのまま大きさを変えたい方向にドラッグします2。

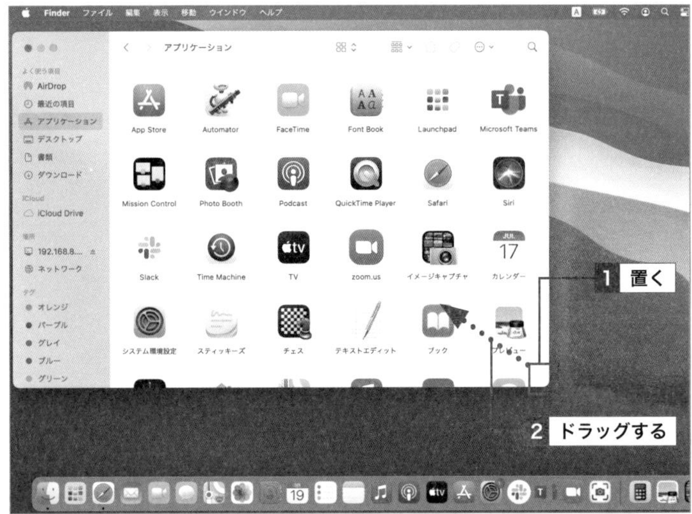

2 ウインドウの大きさが変わる

ウインドウの大きさが変わります。

Memo ウインドウの長さや幅のみを変更

上記の例ではウインドウの右下隅をドラッグしていますが、ウインドウの上下左右の端をドラッグすると、ウインドウの長さや幅のみを変更することができます。

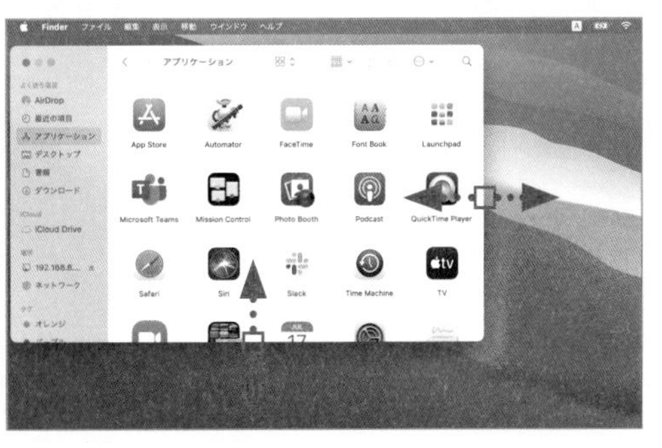

3 ウインドウをしまう／閉じる

1 ●ボタンをクリックする

ウインドウの左上にある●をクリックします1。

2 Dockにしまわれる

ウインドウがDockにしまわれてアイコンで表示されます。このアイコンをクリックします1。

3 ウインドウがもとに戻る

ウインドウがもとに戻ります。ウインドウの左上にある●をクリックすると1、ウインドウが閉じます(P.39のHint参照)。

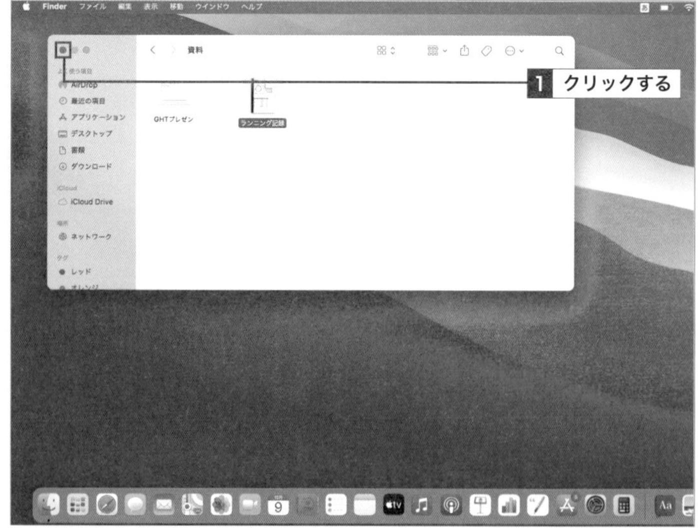

4 ウインドウをフルスクリーン表示する

1 ●ボタンをクリックする

ウインドウ左上にある●をクリックします❶。

2 フルスクリーン表示になる

画面全体にウインドウサイズが広がり、フルスクリーン表示になります。

3 もとのサイズに戻す

ウインドウをもとのサイズに戻すには、マウスポインターを画面上に移動すると表示される●ボタンをクリックします❶。

Section 12

ウインドウの便利な操作を覚えよう

▼覚えておきたいキーワード
切り替え
分割表示
Split View

画面にウインドウがたくさん表示されている場合、ショートカットキーですばやくウインドウを切り替えることができます。また、画面全体に2つのウインドウを並べて分割表示するSplit View機能もあります。

1 ウインドウをすばやく切り替える

1 command キー+ tab キーを押す

複数のウインドウが表示されている状態で command キーを押しながら tab キーを押します 1 。

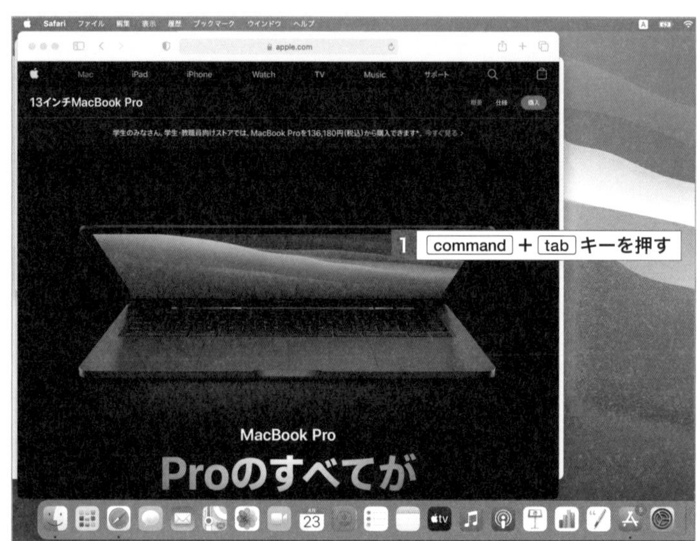

2 ハイライトを移動する

ウインドウのアイコンが並んで大きく表示されます。 command キーを押したまま tab キーを押すことで 1 、ハイライトされているアプリが切り替わります。

3 ウインドウが切り替わる

切り替えたいウインドウのところでキーから手を離すと 1 、そのウインドウに表示が切り替わります。

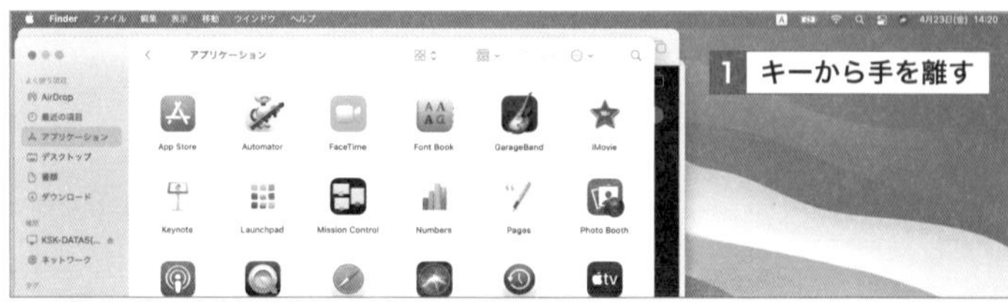

2 2つのウインドウで画面を分割表示する（Split View）

1 ●ボタンをクリックしたままにする

複数のウインドウが表示された状態で1つ目のウインドウの左上にある●をクリックしたままにします**1**。

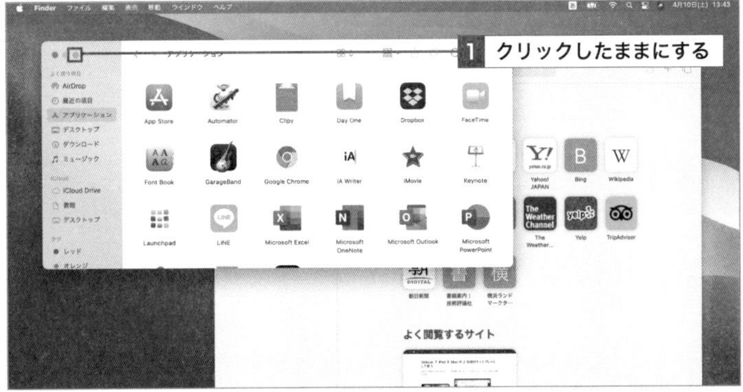

2 メニューが表示される

メニューが表示されるので、＜ウインドウを画面左側にタイル表示＞をクリックします**1**。

3 画面が分割表示される

画面が分割されて、左半分にウインドウが表示されます。もう一方の側で別のウインドウをクリックすると**1**、2つのウインドウが並んで表示されます。中央の区切り線をドラッグすると**2**、ウインドウのサイズを変更することができます。

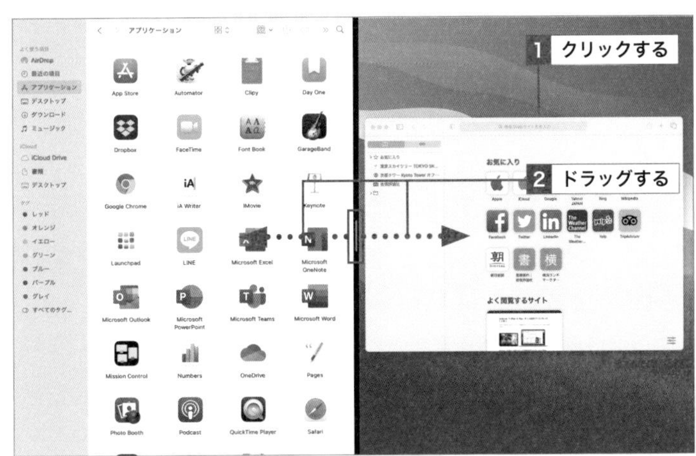

Memo 分割表示の終了

分割表示を終了するには、マウスポインターをウインドウ左上に移動すると表示される●ボタンをクリックします。もう片方のウインドウはフルスクリーン表示のまま残るので、トラックパッドを3本指で左方向にスワイプしてから表示します。

Section 13

文字の入力方法を覚えよう

▼覚えておきたいキーワード…
英字
入力モード
ライブ変換

MacBookで文字を入力するには、キーボードを使います。メールで文章を書いたり、インターネットで検索したりする際には必ず必要になります。ここでは、英字や日本語の入力方法を説明します。

1 英字入力モードにする

1 英数キーを押す

キーボードの英数キーを押します1。

2 入力モードを確認する

英字入力モードに切り替わり、ステータスメニューの入力メニューアイコンがAに切り替わっていることを確認します1。

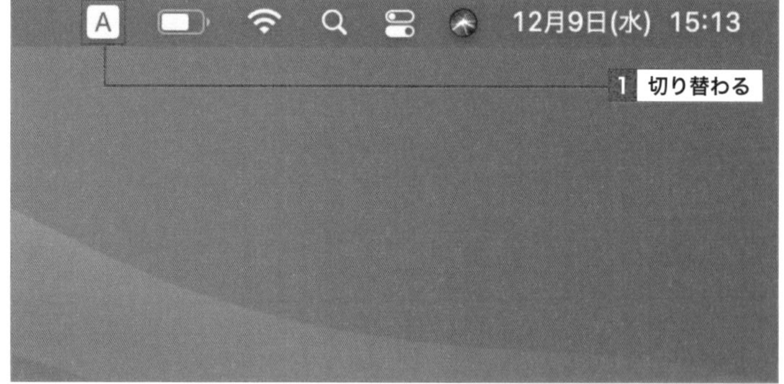

Memo 文字の入力画面

この節では、キーボードの入力の説明に「テキストエディット」アプリを使用しています。以降、実際に試す場合はLaunchpadから「テキストエディット」アプリを起動し<新規書類>をクリックすると、手順図のような画面が表示されます。

2 英字を入力する

1 文字の入力場所を決める

文字を入力する場所をクリックすると❶、その場所にカーソルが表示されます。

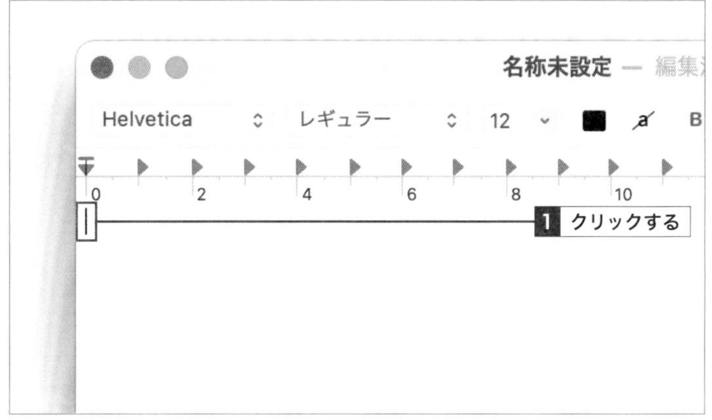

2 大文字を入力する

shiftキーを押しながらMキーを押すと❶、大文字の「M」が表示されます。

3 小文字を入力する

shiftキーを押さずにキーを押すと小文字が入力できます。ここでは、ACBOOKの順にキーを押しています❶。

Memo すべて大文字で入力される場合

手順3で大文字が入力されてしまう場合は、capsキーが押されている可能性があります(P.36参照)。もう一度capsキーを押すと小文字が入力できるようになります。

3 ひらがな入力モードにする

1 かなキーを押す

キーボードのかなキーを押します1。

2 入力モードを確認する

ひらがな入力モードに切り替わり、ステータスメニューの入力メニューアイコンがあに切り替わっていることを確認します1。

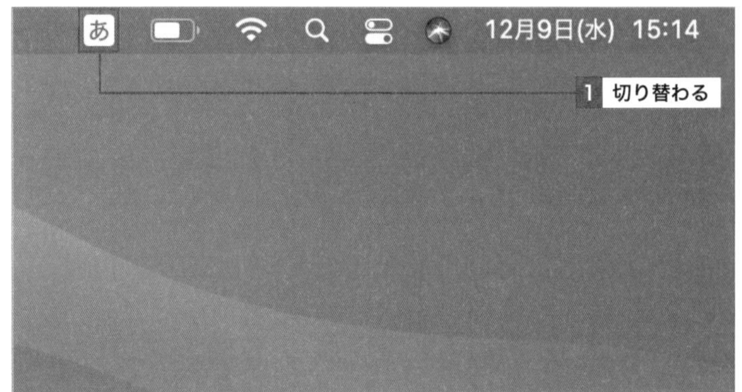

3 文字を入力する

ローマ字入力でひらがなを入力することができます1。

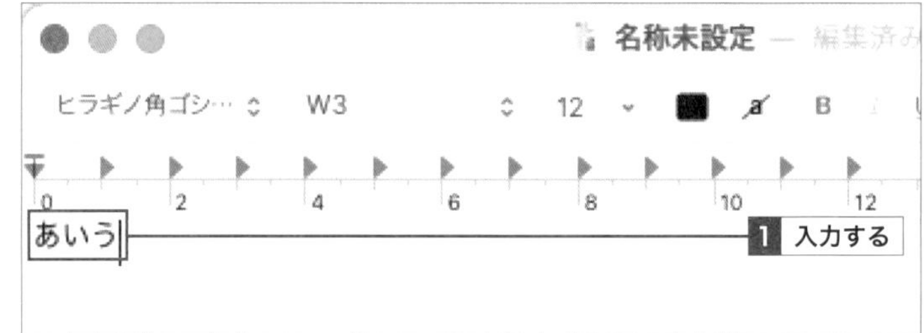

Memo ステータスメニューから入力モードを変更

手順2で表示される入力モードアイコンをクリックするとメニューが表示されます。このメニューから入力モードを切り替えることも可能です。

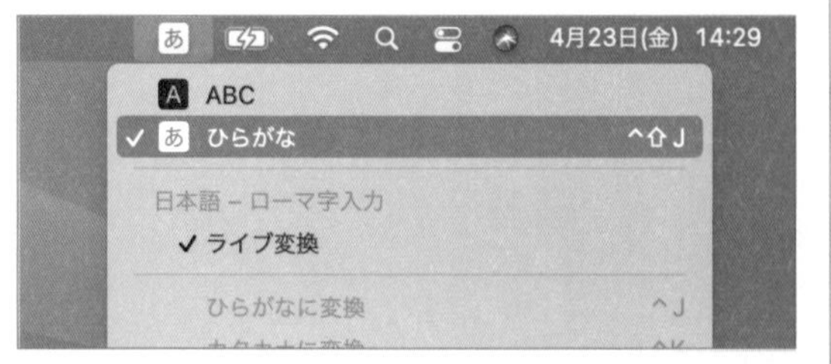

4 漢字を入力する

1 ライブ変換をオンにする

入力モードアイコンをクリックし1、「ひらがな」モードで「ライブ変換」にチェックが入っていることを確認します2。入っていない場合は、クリックしてチェックを付けます。

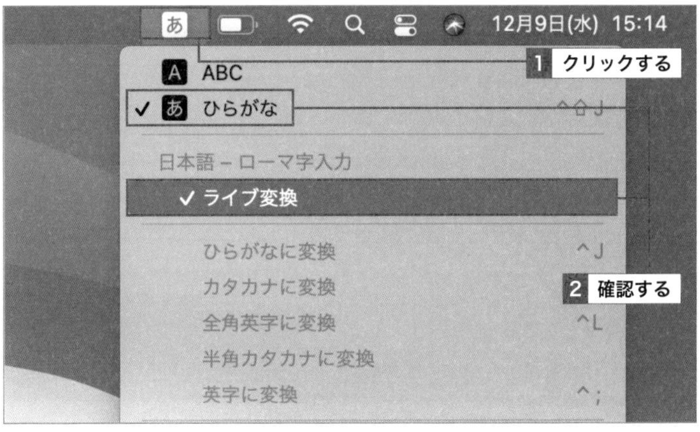

2 文字を入力する

ローマ字入力で文字を入力していきます1。ここでは、KISYAN……というように各キーを押していきます。

3 漢字に変換される

入力していくと、自動的に漢字に変換されます。入力を確定するには、returnキーを押します1。

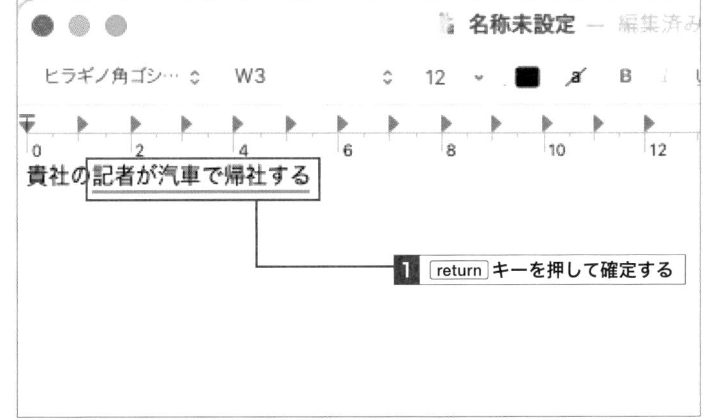

Key Word ライブ変換機能

手順3のように入力した日本語を自動的に漢字に変換する機能が「ライブ変換」です。変換が間違っていた場合の修正方法はP.50〜51で解説しています。

5 誤変換を修正する

1 誤変換箇所を選ぶ

「きしゃについてはなす」と入力しましたが、変換が誤ってました。左右のカーソルキーを押して太い下線を誤変換場所に移動し、スペースキーを押します❶。

2 正しい変換を選ぶ

変換候補が表示されるので、スペースキーやカーソルキーを押して正しい漢字を選びます❶。

3 変換を確定する

return キーを押すと❶、入力した文字が確定します。

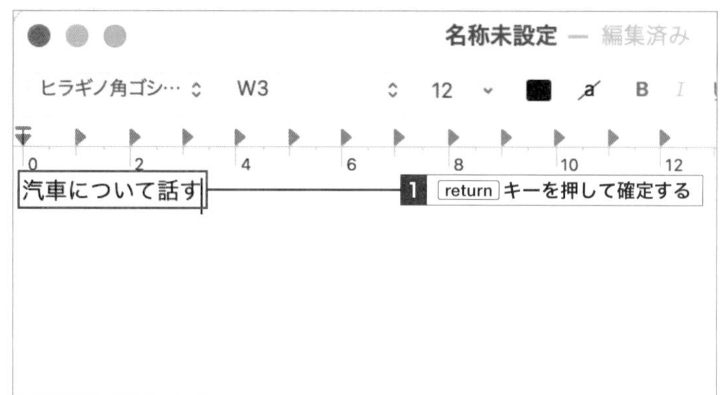

Memo ライブ変換の利用をやめる場合

ライブ変換は日本語の入力中に自動的に漢字に変換されていくので、非常に便利なのですが、思わぬ変換をしたまま気付かない場合もあります。そのようなときは、前ページの手順1を参考に「ライブ変換」のチェックを外して、ライブ変換機能をオフにするとよいでしょう。

6 文節の区切りを変更して修正する

1 誤変換箇所を選ぶ

「きのうはいしゃにいった」と入力しましたが、「昨日は」と入力したいので、カーソルキーを押して太い下線を誤変換場所に移動します1。

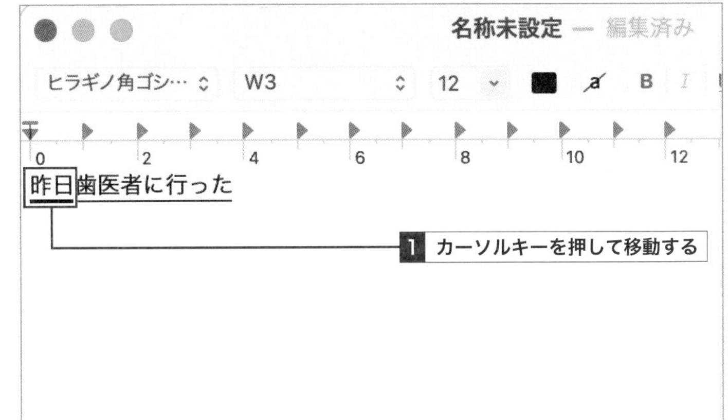

2 文節区切りを変更する

shift キーを押しながらカーソルキーを押すと、文節の区切りを変えることができます。「昨日は」で区切れるようにします1。

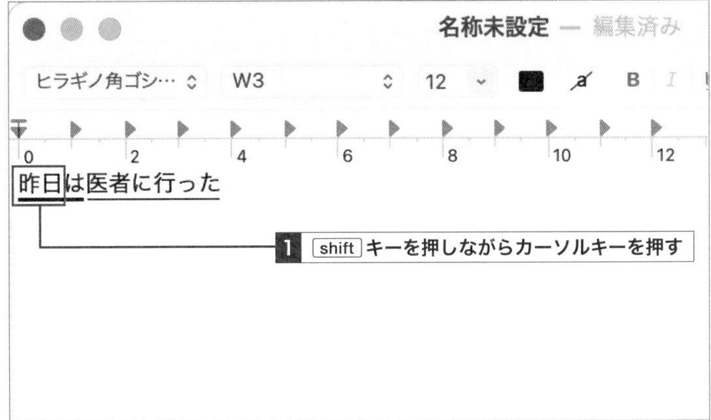

3 変換を確定する

入力したい区切りになったら、必要に応じてスペースキーを押して変換し、return キーを押して確定します1。

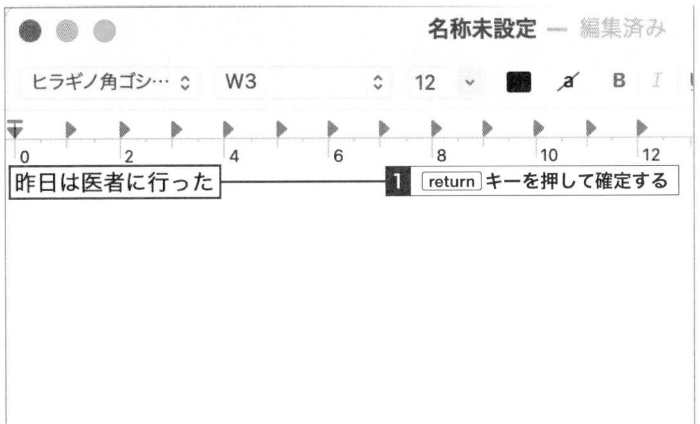

Hint ひらがな入力モードのまま英字を入力

日本語と英語が入り交じった文章を書いているとき、英数入力モードやひらがな入力モードに切り替えるのは面倒です。ひらがな入力モードのまま英字を入力したい場合は、単語を入力した後に fn キーを押しながら F10 キーを押すと英字に変換できます。

文字をコピー&ペーストしよう

▼覚えておきたいキーワード
コピー
ペースト
command キー

Webブラウザや入力された文字は、「コピー」して「貼り付け」る（ペーストする）ことができます。異なるアプリケーション間でも可能なので、Webブラウザの情報をテキストファイルで保存するといったこともできます。

1 Safariから文字をコピーする

1 コピー範囲を選択する

コピーしたい文字をドラッグして選択します1。ここでは「Safari」を使っていますが、他のアプリケーションでも同様の操作で行えます。

2 コピーする

＜編集＞メニューをクリックして1、＜コピー＞をクリックします2。

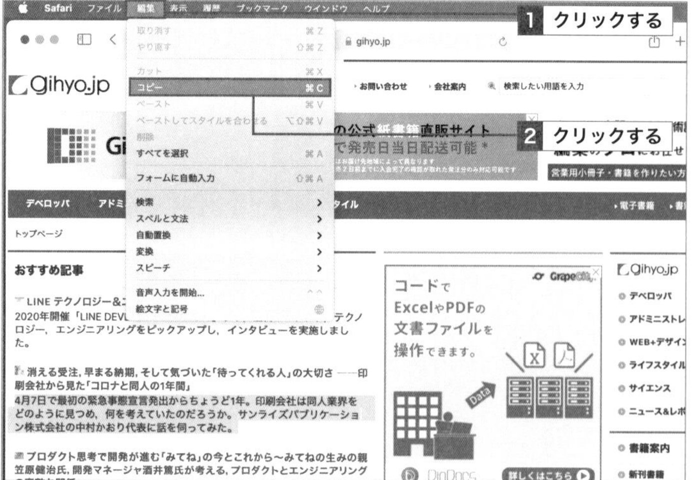

2 テキストエディットに文字をペーストする

1 アプリケーションを起動する

ここでは、「テキストエディット」アプリに文字をペーストします。ペーストしたい場所をクリックして1、<編集>メニューをクリックし2、<ペースト>をクリックします3。

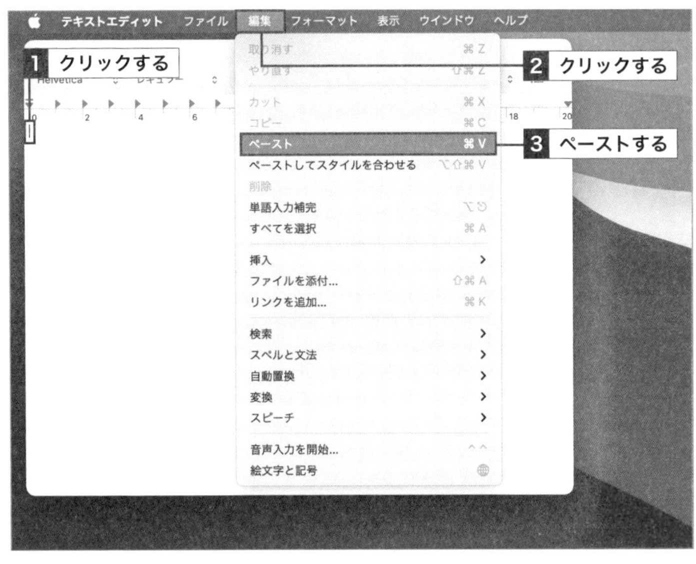

2 ペーストする

コピーした文字がペーストされます。

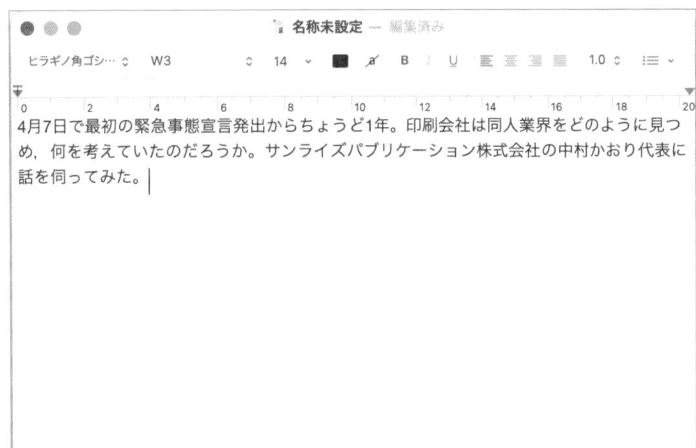

Memo そのほかのコピー&ペースト方法

上記の操作のほか、command キーを押しながら C キーを押すことでコピーが、command キーを押しながら V キーを押すことでペーストが行えます。また、図のように副ボタンクリックして表示されるメニューからもコピーやペーストが可能です。

ファイルを保存しよう

▼覚えておきたいキーワード
- ファイルメニュー
- 保存
- ダブルクリック

アプリケーションで作成したデータは「ファイル」として保存することができます。ここでは、「テキストエディット」アプリでファイルを保存する方法を紹介します。

1 ファイルを保存する

1 ファイルメニューを表示する

ここでは、Sec.14で「テキストエディット」アプリにペーストしたテキストをファイルとして保存します。＜ファイル＞メニューをクリックし**1**、＜保存＞をクリックします**2**。

2 ファイル名を入力する

ダイアログボックスが開くので、ファイル名を入力し**1**、ここでは保存場所を＜デスクトップ＞にして**2**、＜保存＞をクリックします**3**。

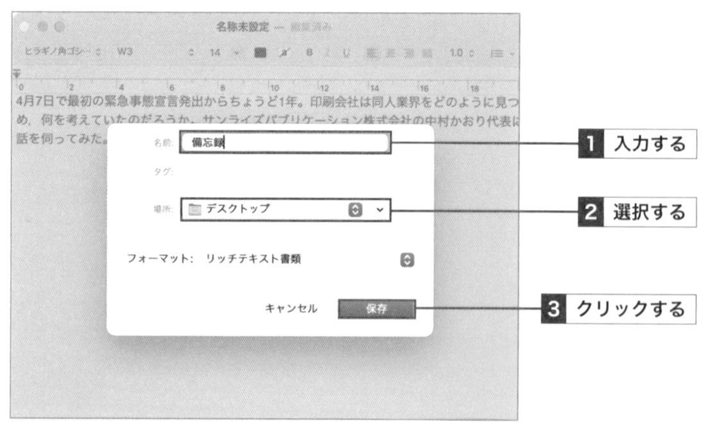

2 保存したファイルを開く

1 ファイルをダブルクリックする

ここでは、保存したファイルがデスクトップ上に表示されています。ファイルをダブルクリックします1。

2 ファイルが表示される

ファイルを作成したアプリケーション(こでは「テキストエディット」アプリ)が起動し、ファイルが開きます。

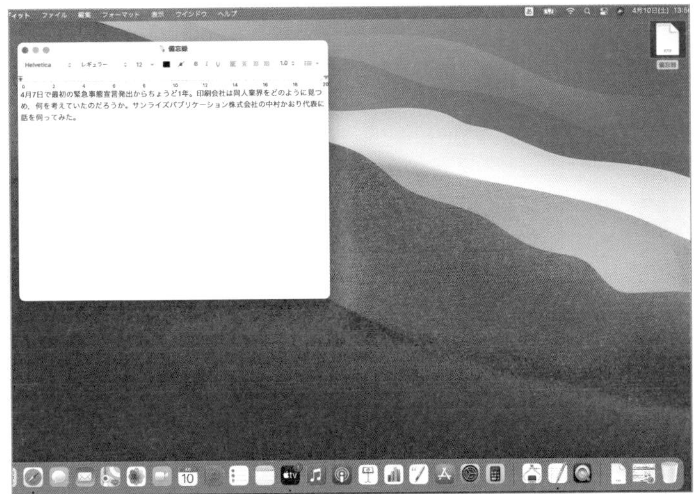

Memo アプリケーションからファイルを開く場合

アプリケーションの<ファイル>メニューから<開く>をクリックすることでも、ファイルを開くことができます。保存したフォルダの場所がわからないときは、<ファイル>メニューから<最近使った項目を開く>をクリックすると、目的のファイルを選択できる場合があります。

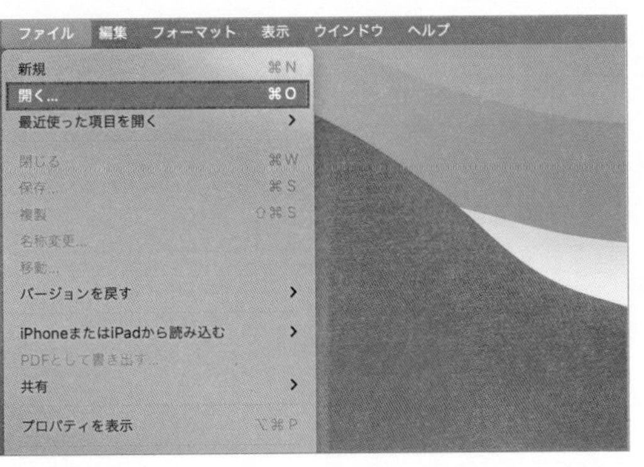

Section 16

Finderでファイルを管理しよう

▼覚えておきたいキーワード
Finder
サイドバー
ホームフォルダ

FinderはMacBookでファイルを管理する際に欠かせないアプリケーションです。Windowsでいうところのエクスプローラーに相当し、ファイルのコピーや移動、削除などの操作が行えます。

1 Finderを起動する

1 ＜Finder＞アイコンをクリックする

Dockの＜Finder＞アイコンをクリックします1。

2 フォルダやファイルの一覧が表示される

Finderが起動します。画面左側のサイドバーには「よく使う項目」などの一覧が表示され1、右側にはMacBook内のフォルダやファイルが表示されます2。

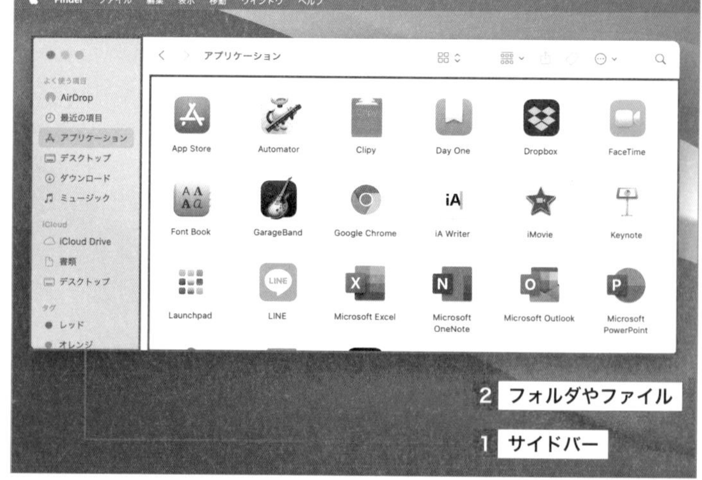

2 Finderの機能

Finderは基本的に終了することができません。●ボタンを押してFinderを閉じても、デスクトップの何もない箇所をクリックすると、メニューバーのアプリケーション名がFinderになります。このことから、Finderは常に起動していることがわかります。
また、Finderのサイドバーには MacBook内のフォルダなどよく使用する項目が表示されます。クリックすることで、該当するフォルダやファイルが表示されます。おもな項目は以下の通りです。

よく使う項目	よく使われるフォルダなどのショートカットが表示されます。
iCloud	iCloudドライブ内のフォルダが表示されます。
場所	ネットワークで共有可能なパソコンやUSBメモリなどの接続したデバイスが表示されます。
タグ	クリックすることでそのタグを利用しているファイルが表示されます。

また、MacBookではさまざまなフォルダでファイルを管理します。以下に、おもなフォルダを紹介します。

アプリケーション	「Safari」や「テキストエディット」アプリなど、さまざまなアプリケーションが保存されています。このフォルダ内にあるアプリケーションは、すべてLaunchpadから起動することができます。
ダウンロード	「Safari」などでダウンロードしたファイルが保存されます。
ホーム	自分のユーザ名がフォルダ名となっており、ユーザが作成したファイルが保存されます。あらかじめいくつかのフォルダがあり、上記の「ダウンロード」フォルダのほか、写真を保存する「ピクチャ」フォルダ、楽曲データを保存する「ミュージック」フォルダなどがあります。

ホームフォルダは以下の方法で表示することができます。

1 <ホーム>をクリックする

Finderで<移動>メニューをクリックし1、<ホーム>をクリックします2。

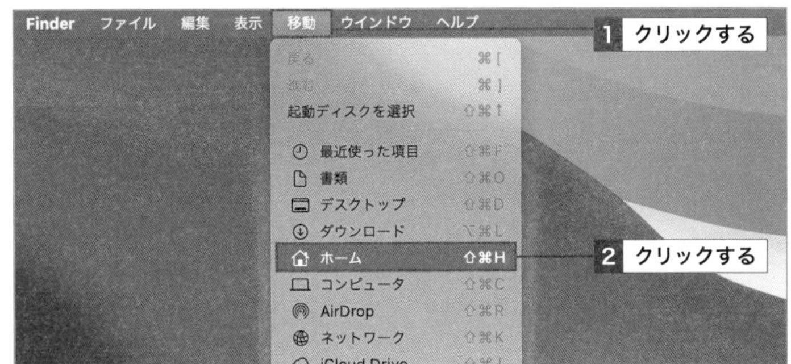

2 ホームフォルダが表示される

ログインしたアカウントのユーザー名が付けられたホームフォルダが表示されます。

Finderの表示方法を変更しよう

▼覚えておきたいキーワード
リスト表示
カラム表示
ギャラリー表示

Finderのフォルダやファイルは、好みの表示方法に変更することができます。表示方法を変更すれば、どのようなファイルが保存されているのか一目でわかります。

1 Finderの表示方法を変更する

1 表示を切り替える

Finderを起動し、ツールバーの▦をクリックします❶。

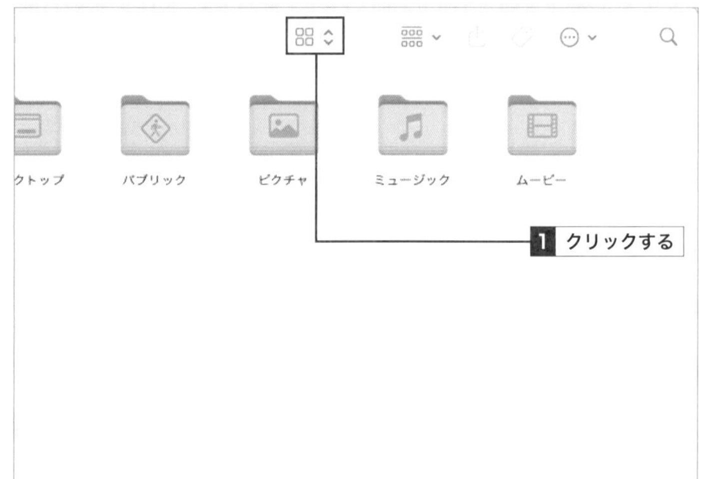

2 リスト表示を選択する

メニューが表示されるので、ここでは<リスト>をクリックします❶。

3 リスト表示に切り替わる

ファイルやフォルダが一覧できるリスト表示になります。

4 カラム表示に切り替える

手順2の画面で<カラム>をクリックすると、フォルダの階層がわかりやすいカラム表示になります。

Memo そのほかの表示切り替え方法

Finderの表示方法は、<表示>メニューをクリックして切り替えることもできます。そのほかにも、command キーを押しながら1～4キーを押すことでも切り替え可能です。

Memo アイコン表示とギャラリー表示

手順2の画面で<アイコン>をクリックすると、手順1のような大きなアイコン表示となります。また、手順2の画面で<ギャラリー>をクリックすると、右図のような写真や動画などの選択したファイルの内容が、Finder内に大きくプレビューされるギャラリー表示となります。

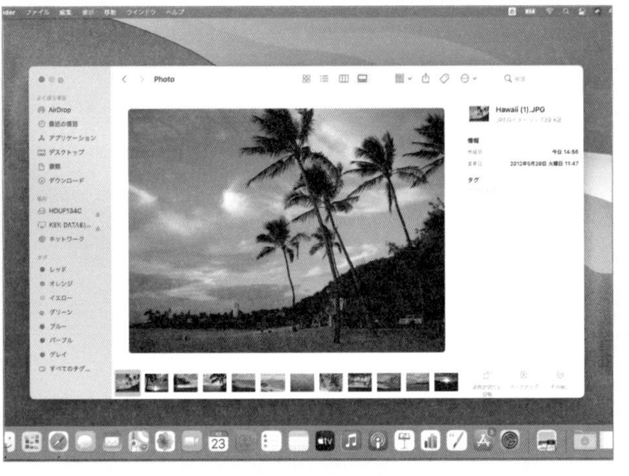

ファイルを整理しよう

▼覚えておきたいキーワード
アイコン
整頓
並べ替え

Finderでは、多くのファイルを管理することができます。ファイルをより管理しやすくするため、日付やファイル名、更新日などで並べ替えてみましょう。ここでは、ファイルの整頓のしかたや並べ替えかたを紹介します。

1 アイコンを整頓する

1 メニューを表示する

アイコン表示画面では、アイコンをドラッグ&ドロップすると、好きな場所に移動できる場合があります。<表示>メニューをクリックし❶、<整頓>をクリックします❷。

2 アイコンが整頓して表示される

アイコンやフォルダが整頓して表示されます。

Memo デスクトップアイコンの整頓

デスクトップの何もない箇所をクリックし、<表示>メニュー→<整頓>の順にクリックすると、デスクトップ上のアイコンを整頓することができます。

2 アイコンの並び順を変更する

1 メニューを表示する

並べ替えたいフォルダを開き、<表示>メニューをクリックして❶、<整頓順序>→<名前>の順にクリックします❷。

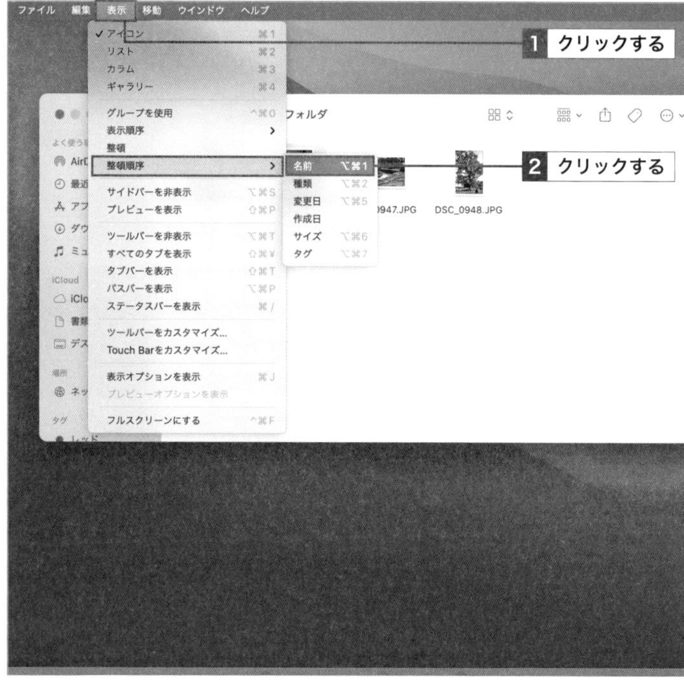

2 名前順に並べ替える

アイコンが名前順に並んで表示されます。

Hint リスト表示画面での並べ替え

リスト表示画面の場合、上記の方法のほか、「名前」や「変更日」と書かれている項目名をクリックするだけで、並べ替えることができます。同じ項目名をクリックするたびに昇順／降順が切り替わります。

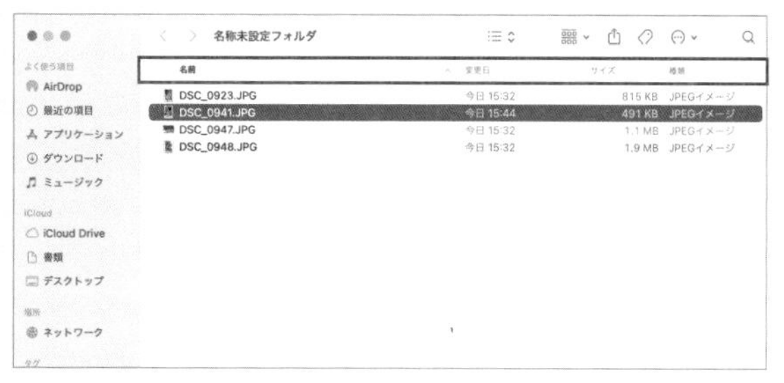

Section 19

フォルダを作って ファイルを整理しよう

▼覚えておきたいキーワード
- フォルダの作成
- ファイルの移動
- ファイルのコピー

ファイルを整理するには、フォルダを使うと便利です。関連するファイルを1つのフォルダにまとめておけば、後から管理しやすくなります。ここでは、フォルダの作り方とファイルの整理方法を紹介します。

1 フォルダを作成する

1 新規フォルダを作る

ここでは、デスクトップ上にフォルダを作成します。デスクトップの何もない箇所をクリックし1、＜ファイル＞メニューをクリックして2、＜新規フォルダ＞をクリックします3。

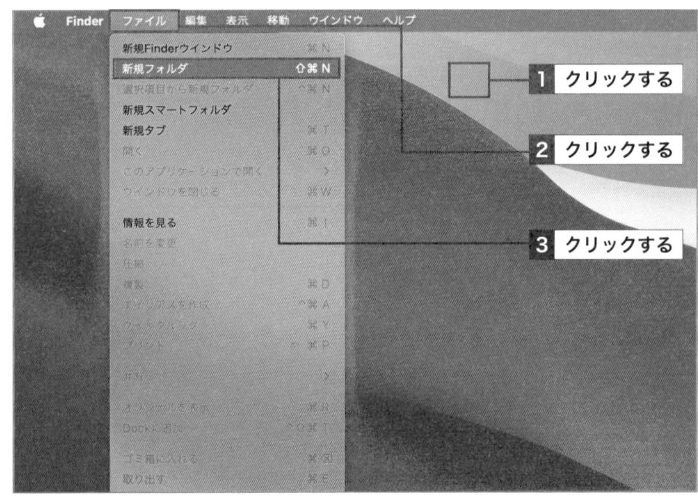

2 フォルダが作成される

デスクトップ上にフォルダが作成されます。

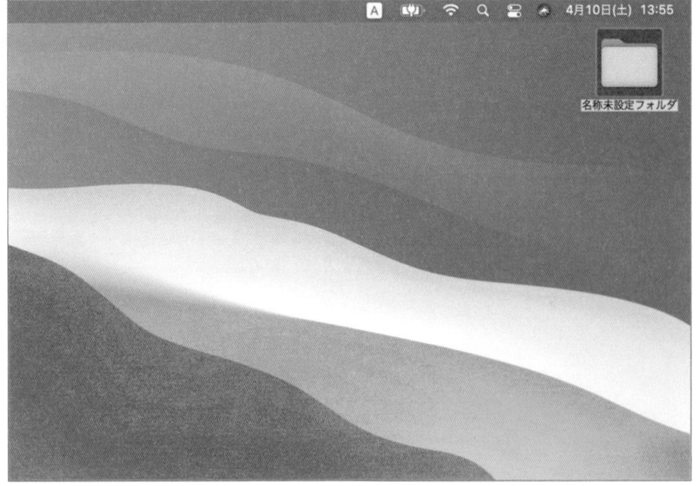

3 フォルダ名が設定される

フォルダ名（ここでは「仕事用フォルダ」）を入力すると、フォルダ名が設定されます**1**。フォルダをダブルクリックします**2**。

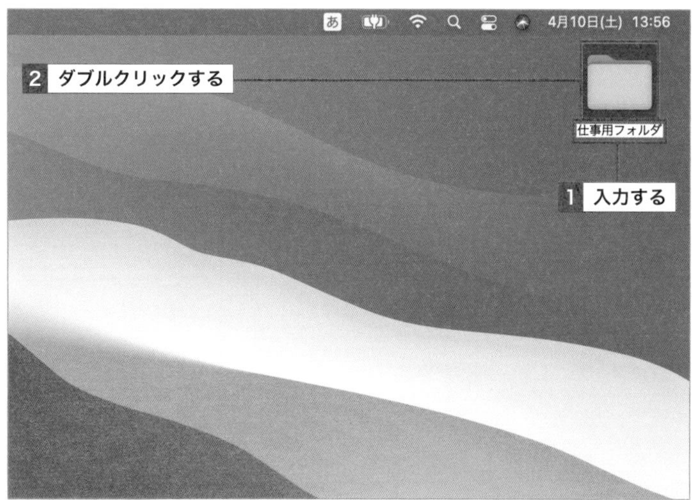

4 フォルダが開く

フォルダが開きます。

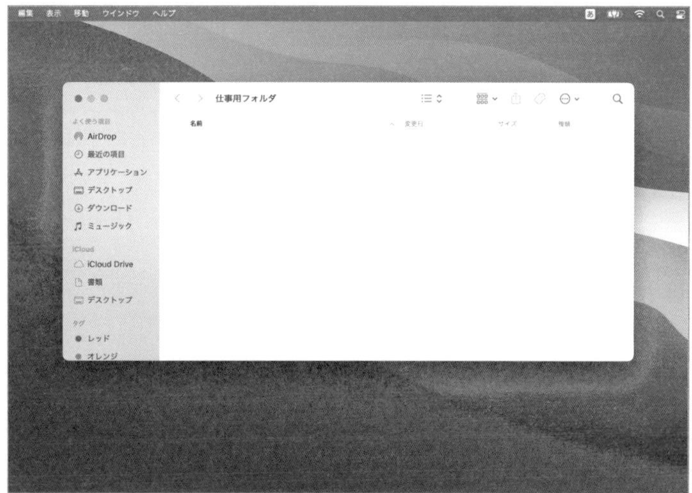

Memo フォルダ名の変更

フォルダ名を変更するには、フォルダが選択された状態でフォルダ名部分をクリックし、新しいフォルダ名を入力します。ファイル名を変更する場合も同様です。

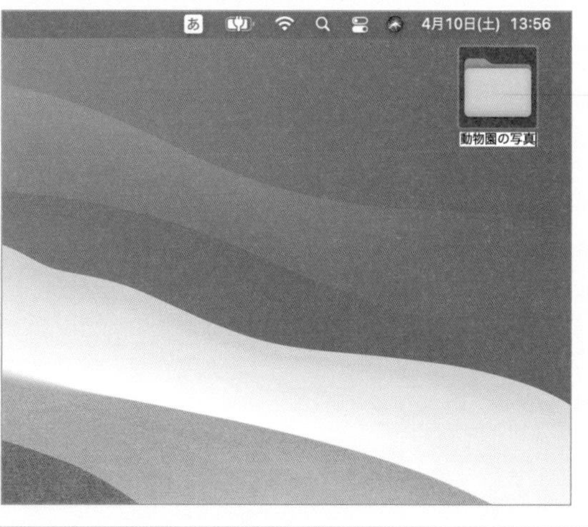

2 フォルダ間でファイルを移動する

1 移動元のFinderを新規ウインドウで開く

フォルダが開いている状態でもう1つフォルダを開きます。<ファイル>メニューをクリックし1、<新規Finderウインドウ>をクリックします2。

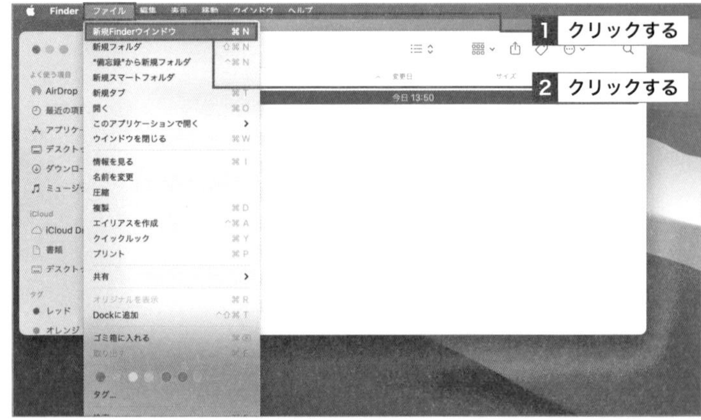

2 移動先にファイルをドラッグする

Finderが新規ウインドウでもう1つ表示されます。移動したいファイルを表示し、元からあるフォルダにドラッグ＆ドロップします1。

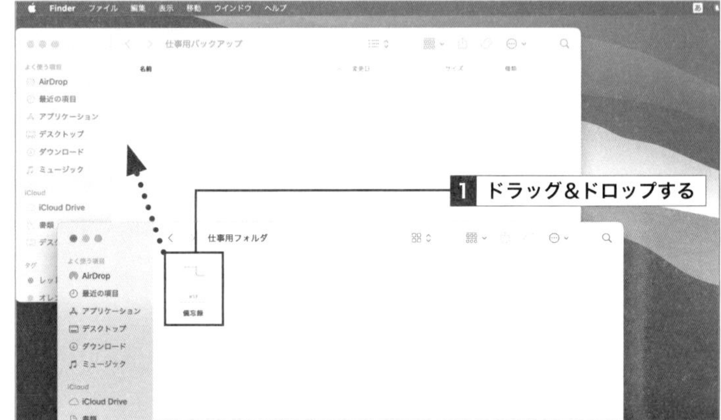

3 ファイルが移動する

ファイルが移動します。移動元にはファイルがなく、移動先にファイルがあることがわかります1。

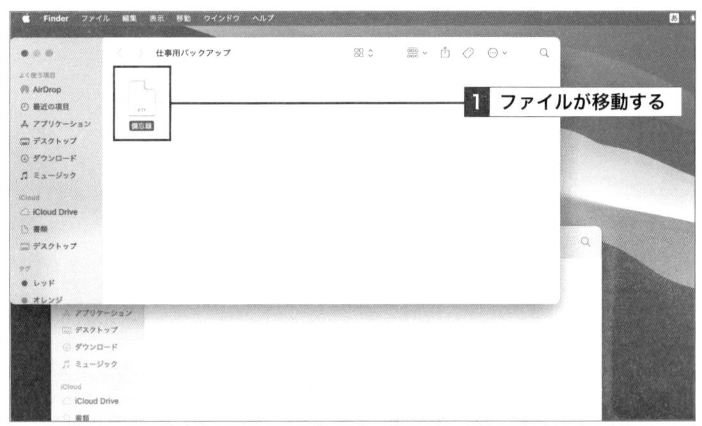

Memo **複数ファイルの選択**

ファイルを選択するときに、複数のファイルを囲むようにしてドラッグするか、command キーを押しながらファイルを次々にクリックすると、それらのファイルをまとめて移動／コピーすることができます。

3 フォルダ間でファイルをコピーする

1 コピー先にファイルをドラッグする

P.64を参考に、コピー元とコピー先のウインドウを表示し、コピーしたいファイルを option キーを押しながらドラッグ&ドロップします1。

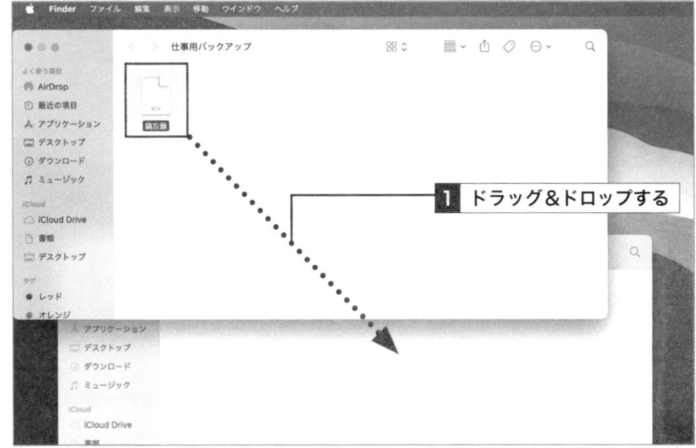

2 ファイルがコピーされる

ファイルがコピーされます。移動元と移動先の両方に同じファイルがあることがわかります1。

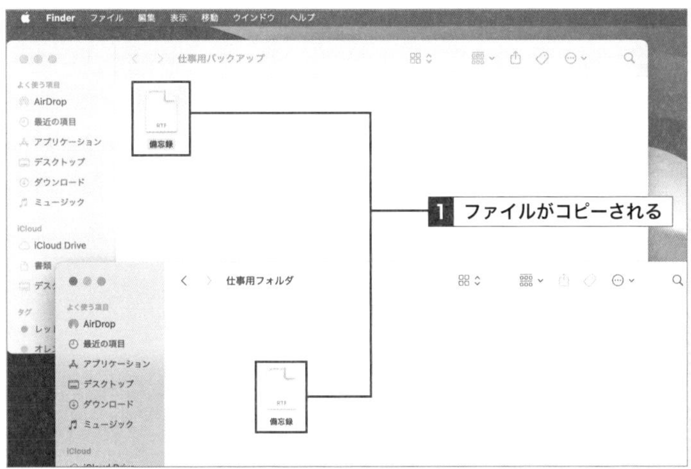

Memo USBメモリの場合

USBメモリなどの外部メディアとの間でファイルをドラッグ&ドロップすると、ファイルは移動ではなく、コピーされます(Sec.22参照)。コピーではなく移動したい場合は、 option キーを押しながらドラッグ&ドロップします。

Hint ショートカットキーでのファイルのコピー

上記の操作のほか、 command キーを押しながら C キーを押すことでファイルのコピーが、 command キーを押しながら V キーを押すことでペーストが行えます。

Step Up ショートカットキーでのファイルの移動

ファイルの移動にショートカットキーを使う場合は、 command キーを押しながら X キーを押す「カット」は使えません。 command キーを押しながら C キーを押してファイルのコピーを行った後、 command キーと option キーを押しながら V キーを押すことでファイルが移動します。

ファイルを削除しよう

▼覚えておきたいキーワード
ゴミ箱
削除
完全に削除

不要なファイルは、ゴミ箱にドラッグ&ドロップすることで削除できます。完全に削除する前であれば、もとに戻すことも可能です。また、フォルダも同様の操作で削除できます。

1 ファイルを削除する

1 ファイルをゴミ箱に入れる

削除したいファイルをゴミ箱にドラッグ&ドロップします1。

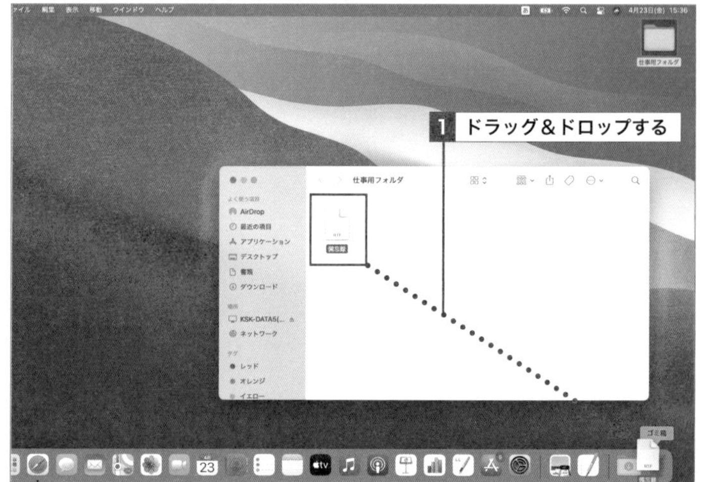

2 ファイルが削除される

ゴミ箱のアイコンの形が変わり、ファイルが削除されます。

2 ファイルを完全に削除する

1 ゴミ箱アイコンをクリックする

Dockにある＜ゴミ箱＞アイコンをクリックします1。

2 ゴミ箱が開く

ゴミ箱が開きます。削除したファイルがあることが確認できます。＜空にする＞をクリックします1。

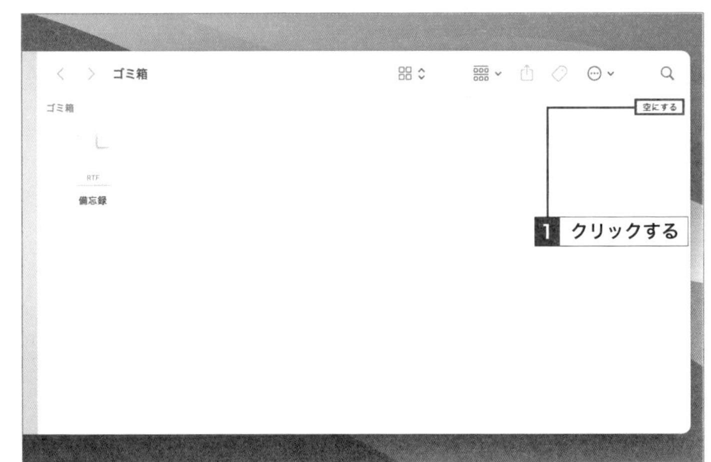

3 ファイルが完全に削除される

ウインドウが開くので、＜ゴミ箱を空にする＞をクリックすると1、ファイルが完全に削除されます。

Memo ゴミ箱にあるファイルをもとに戻すには

ゴミ箱にあるファイルは、完全に削除するまではまだデータとして残っています。手順2の画面でもとに戻したいファイルをデスクトップなどにドラッグ＆ドロップすれば、元通り使えるようになります。

ファイルを圧縮／展開しよう

▼覚えておきたいキーワード
圧縮
展開
アーカイブ.zip

たくさんのファイルをやりとりする場合、それらを1つのファイルに圧縮してまとめることができます。ファイルサイズが削減できるので、メールなどでも送りやすくなります。

1 ファイルを圧縮する

1 ファイルを選択する

圧縮したいファイルを囲むようドラッグして選択し1、副ボタンクリックします2。表示されるメニューの＜圧縮＞をクリックします3。

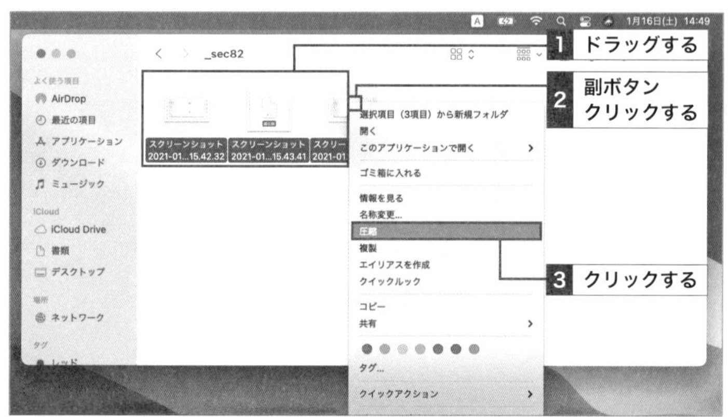

2 圧縮ファイルが作成される

「アーカイブ.zip」という名前の圧縮ファイルが作成されます1。ファイル名部分をクリックすることで、ファイル名を変更することができます。

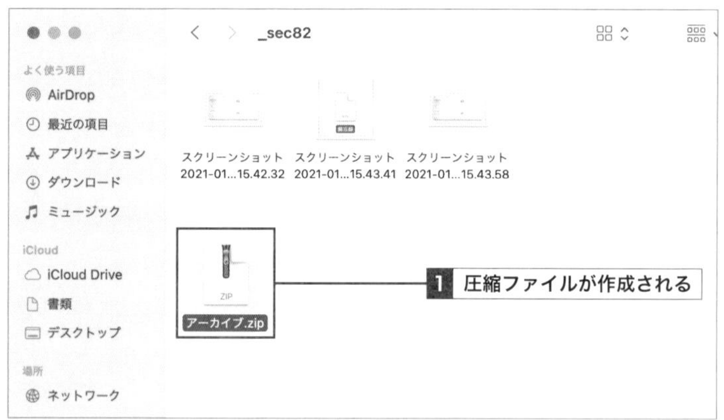

Memo ファイルサイズが減らないこともある

ファイルを圧縮すると一般的にはファイルサイズが小さくなりますが、画像や音楽ファイルのなかには、すでに圧縮されているものもあります。そのようなファイルの場合は、圧縮してもファイルサイズはほとんど減りません。

2 圧縮ファイルを展開する

1 圧縮ファイルをダブルクリックする

圧縮されたファイルをダブルクリックします1。

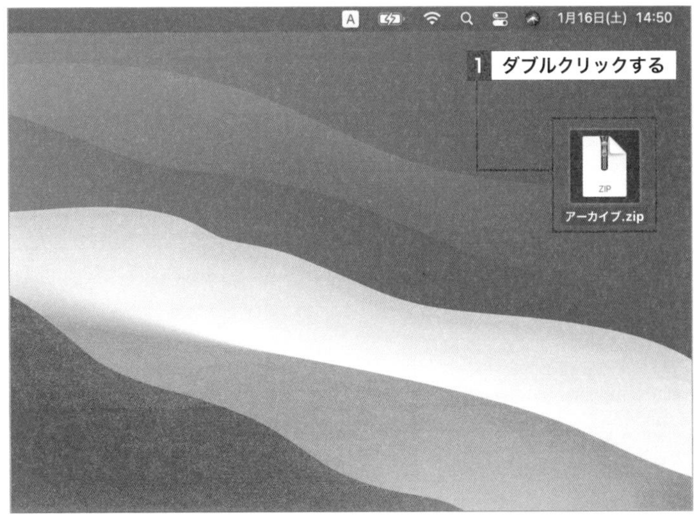

2 圧縮ファイルが展開される

圧縮ファイルと同名のフォルダが作成され、ファイルが展開されます。フォルダをダブルクリックします1。

3 フォルダを開く

圧縮したファイルがフォルダ内に展開されていることが確認できます1。

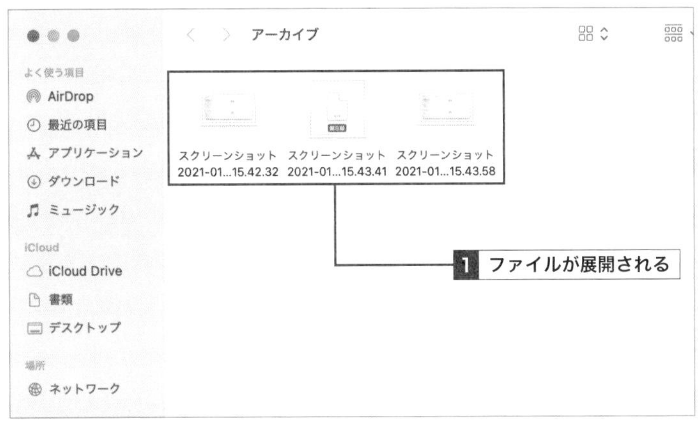

Section 22 USBメモリにファイルをコピーしよう

▼覚えておきたいキーワード
USBメモリ
ファイルをコピー
外部メディア

Thunderbolt/USB 4ポートにUSBメモリを接続してファイルを保存することもできます。外付けハードディスクなどの外部メディアも同様の方法でファイルを保存できるので、覚えておきましょう。

1 USBメモリにファイルをコピーする

1 USBメモリを挿入する

あらかじめ、コピーしたいファイルをFinderで表示します。MacBookにUSBメモリを挿入するとデスクトップ右上に外部メディアのアイコンが表示されるので、ダブルクリックします1。

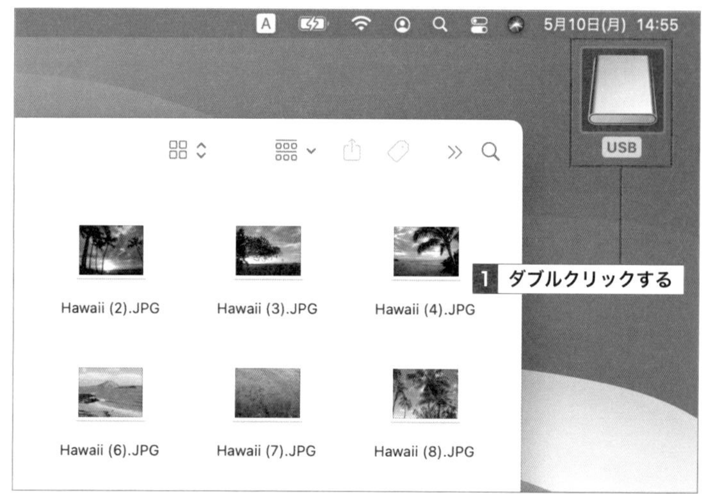

2 USBメモリが表示される

USBメモリが新規Finderウインドウで表示されます。

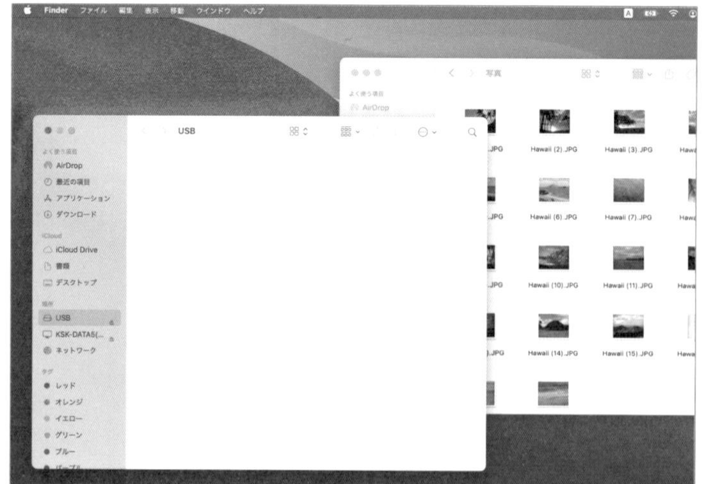

3 ファイルをコピーする

コピーしたいファイルを囲むようにドラッグして選択し1、USBメモリのウインドウにドラッグ&ドロップします2。

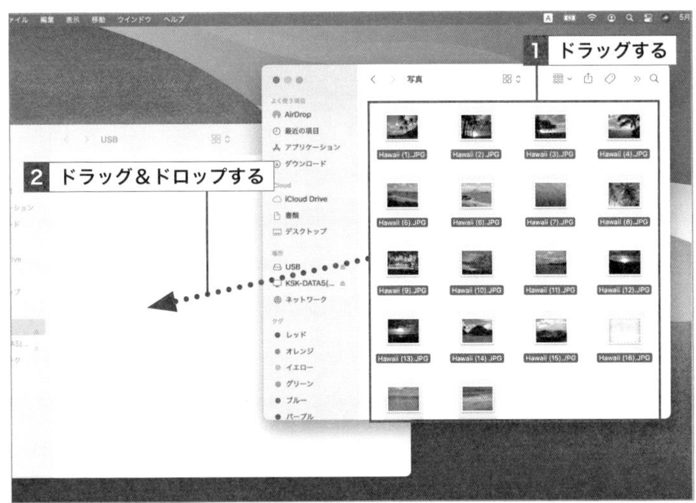

4 ファイルがコピーされる

ファイルがUSBメモリにコピーされます1。

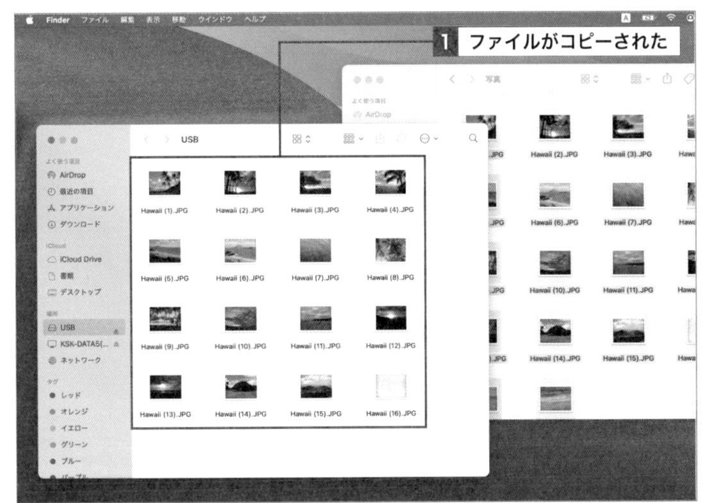

USBメモリとのファイル操作

USBメモリとファイルをやりとりする場合は、通常のドラッグ操作がコピーとなります(P.65参照)。

5 USBメモリを外す

コピーが終わったら、USBメモリのアイコンをゴミ箱にドラッグ&ドロップします1。アイコンが消えたらUSBメモリを外します。

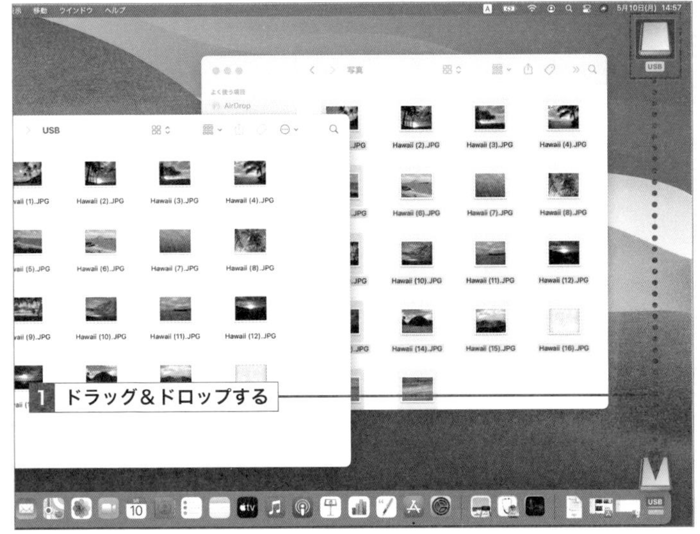

Section 23

クイックルックでファイルの内容を確認しよう

▼覚えておきたいキーワード
クイックルック
スペースキー
内容を表示

クイックルック機能を使うことで、ファイルを開かずに内容を表示することが可能です。また、写真やPDFのほか、テキストファイルやOfficeファイルも表示することができます。

1 写真をクイックルックで表示する

1 スペースキーを押す

ファイルをクリックし1、スペースキーを押します2。

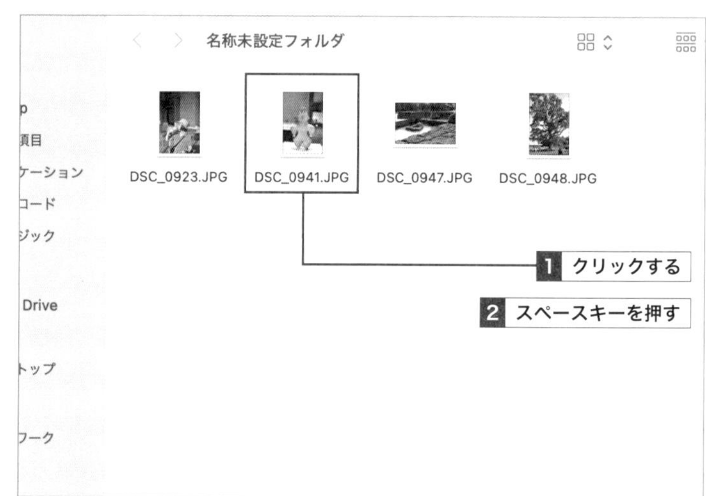

2 ファイルを閲覧する

クイックルックのウインドウでファイルの内容が表示されます。再度スペースキーを押すと、クイックルックのウインドウが閉じます。

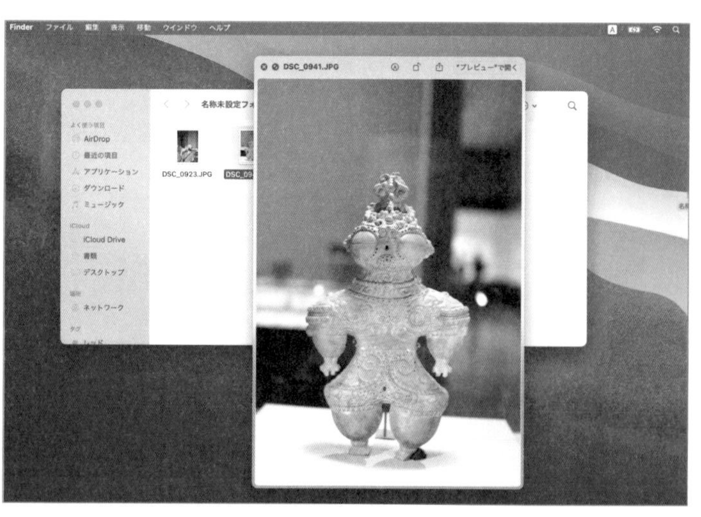

Hint トラックパッドを強めにクリックする

手順1でファイルをトラックパッドで強めにクリックすることでも、ファイルの内容を表示することができます。

Chapter 03

第3章

インターネットや メールを利用する

Wi-Fiでインターネットに接続しよう

▼覚えておきたいキーワード
Wi-Fi
インターネット
SSID

MacBookはWi-Fiを使ってインターネットに接続することができます。自宅のWi-Fiはもちろん、Wi-Fiスポットに接続すれば外出先からでもインターネットを楽しめます。ここでは、Wi-Fiへの接続方法を紹介します。

1 Wi-Fiに接続する

1 Wi-Fiをオンにする

ステータスメニューの をクリックし1、「Wi-Fi」がオンになっていない場合は をクリックします2。

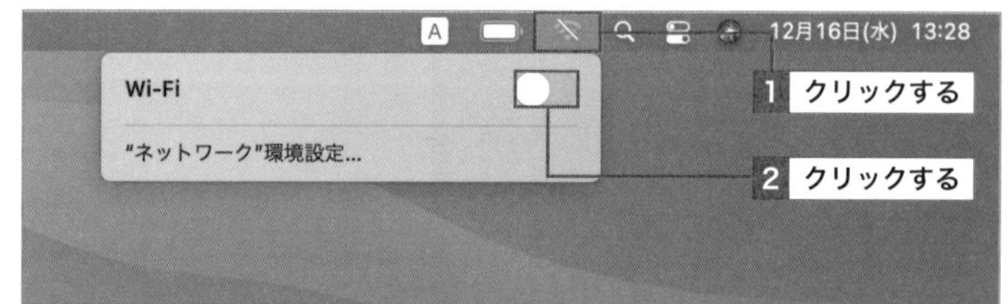

2 接続先を選択する

Wi-Fiがオンになったら、接続するネットワーク名(SSID)をクリックします1。

3 パスワードを入力する

パスワードが設定されているWi-Fiでは、パスワードを入力しないと接続できません。パスワードを入力し1、<接続>をクリックします2。

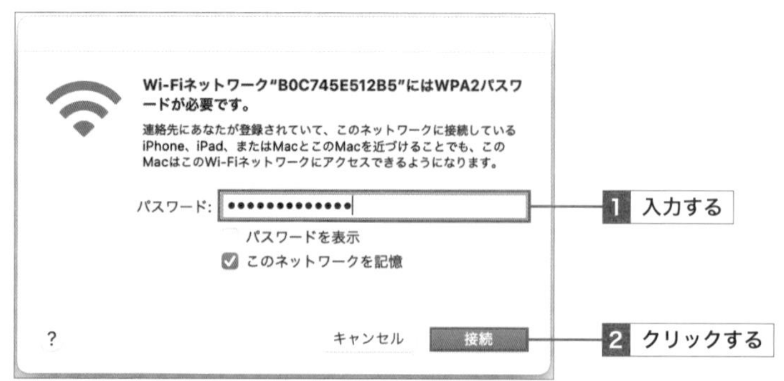

4 Wi-Fiに接続される

Wi-Fiに接続され、アイコンの表示が変わります1。

2 ネットワーク名が表示されないWi-Fiに接続する

1 Wi-Fiの設定を手動で行う

ステータスメニューのをクリックし1、<ほかのネットワーク>→<その他>をクリックします2。

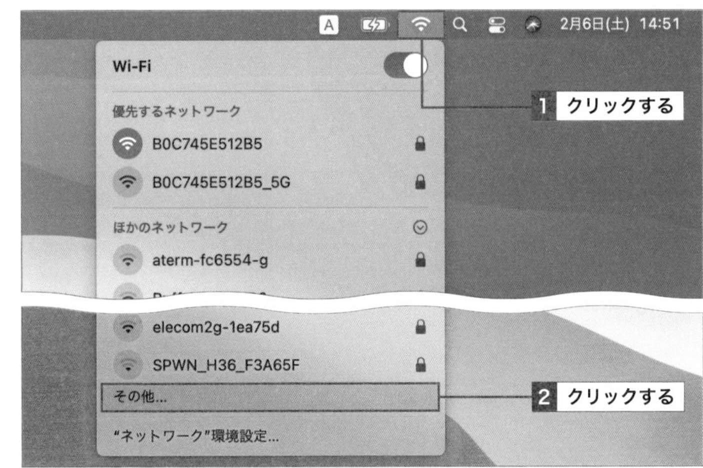

2 SSIDやパスワードを入力する

「ネットワーク名」に接続したいネットワーク名(SSID)を入力し1、セキュリティの種類を選択し2、必要に応じてパスワードを入力して3、<接続>をクリックすると4、Wi-Fiに接続されます。

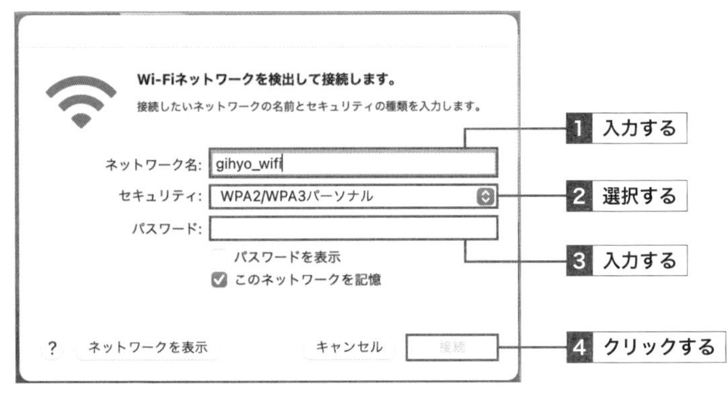

Memo SSIDとパスワード

SSIDやパスワードは、Wi-Fiのアクセスポイントごとに異なります。Wi-Fiに接続できない場合、これらの設定が正しいか確認しましょう。SSIDとパスワードについては、使用しているアクセスポイントのマニュアルや管理している人に確認してください。

Section **25**

Safariの画面構成を知ろう

▼覚えておきたいキーワード
Safari
Webブラウザ
Webページ

インターネットのWebページを閲覧したり、データをダウンロードするにはWebブラウザを使います。ここでは、MacBookに搭載されているWebブラウザ「Safari」の画面構成を紹介します。

1 Safariを起動する

1 ＜Safari＞アイコンをクリックする

Dockの＜Safari＞アイコンをクリックします1。

2 Safariが起動する

Safariが起動します。

2 Safariの各部名称

Safariの各部名称は以下の通りです。

❶閉じる、しまう、フルスクリーン	ウインドウを閉じる、Dockにしまう、フルスクリーン表示に切り替えるボタンです。
❷サイドバーの表示／非表示	サイドバーの表示／非表示を切り替えます。
❸前のページを表示／次のページを表示	表示しているWebページの前のページを表示したり、次のページを表示したりするボタンです。
❹スマート検索フィールド	WebページのURLや検索したいキーワードを入力します。
❺再読み込み	表示中のWebページを更新し、最新の状態にします。
❻ダウンロード	インターネットからダウンロードしたファイルの一覧やダウンロードの進行状況を確認します。ダウンロードを一度もしていない場合、表示されません。
❼共有	WebページのURLをメールで送信したり、ブックマークに追加したりするためのボタンです。
❽新規タブ	このボタンをクリックすると、新しくタブを追加できます。
❾タブの概要を表示	クリックすると、すべてのタブの内容がサムネイルで一覧表示できます。
❿タブ	タブをクリックすると、表示しているページを切り替えることができます。タブにはWebページのタイトルが表示されています。タブが複数になると表示されます。

Section 26 Webページを表示しよう

▼覚えておきたいキーワード
URL
リンク
スワイプして移動

Safariを起動したら、Webページを表示してみましょう。ここでは、Webページを表示するためにURLを入力する方法と、リンクをクリックしてページを移動する方法を紹介します。

1 Webページを表示する

1 URLを入力する

スマート検索フィールドに閲覧したいWebページのURLを入力し**1**、return キーを押します。

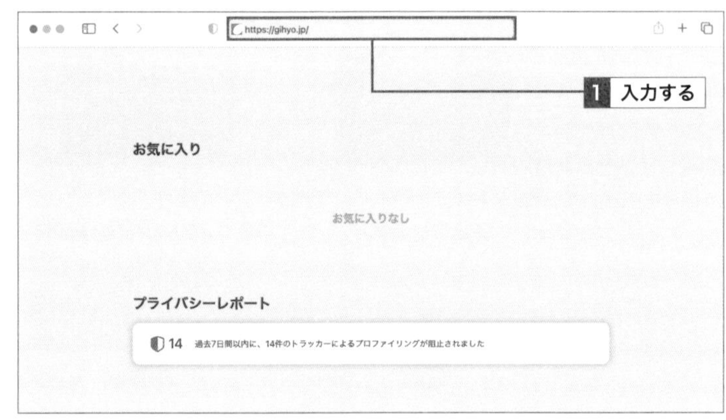

2 Webページが表示される

Webページが表示されます。

Memo URLの補完入力

URLを入力している途中で、過去に入力したURLや予測されるURLの一覧が表示されることがあります。すべてのURLを入力しなくても、この一覧からクリックすれば、該当のページにすばやくアクセスできます。

2 Webページを移動する

1 リンクをクリックする

Webページのリンクをクリックします1。

2 Webページが切り替わる

リンク先のWebページが表示されます。

3 前のページに戻る

トラックパッドを2本指で右方向にスワイプすると1、前のページに戻ります。同様にして2本指で左方向にスワイプすると、次のページ（手順2のページ）に進むことができます。

Hint クリック操作でWebページを移動

クリック操作で前のページに戻るには、＜をクリックします。前のページに戻った後に＞をクリックすると、次のページ（手順2のページ）が表示されます。

Webページを検索しよう

▼覚えておきたいキーワード
検索
キーワード
検索サービス

インターネット上にあるWebページから、目的の情報を探すには検索サービスで検索を行います。検索サービスはGoogleやYahoo!などが有名ですが、Safariでは「Google」を使った検索が行えます。

1 Webページを検索する

1 検索ワードを入力する

スマート検索フィールドに検索するキーワードを入力し1、return キーを押します。

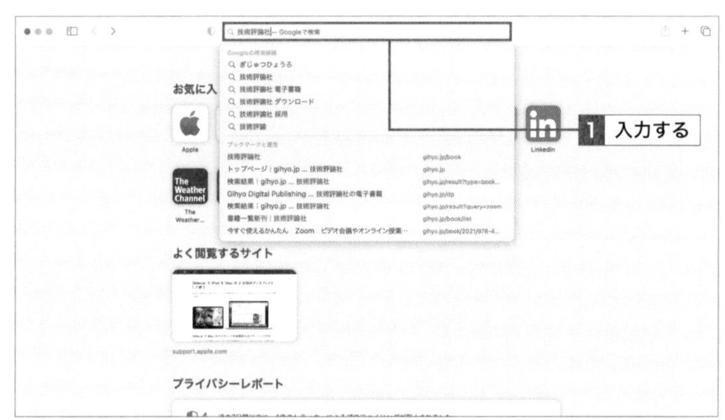

2 検索結果が表示される

Googleでの検索結果が一覧表示されるので、閲覧したいサイトのリンクをクリックします1。

Memo 検索結果の絞り込み

検索ワードを入力する際、複数のキーワードをスペースで区切って入力すると、目的のWebページを見つけやすくなります。たとえば、「スカイツリー　ランチ　おすすめ」のように入力すると、スカイツリーのおすすめランチが表示されます。

2 Webページ内のキーワードを検索する

1 検索機能を呼び出す

＜編集＞メニューをクリックして1、＜検索＞→＜検索＞の順にクリックします2。

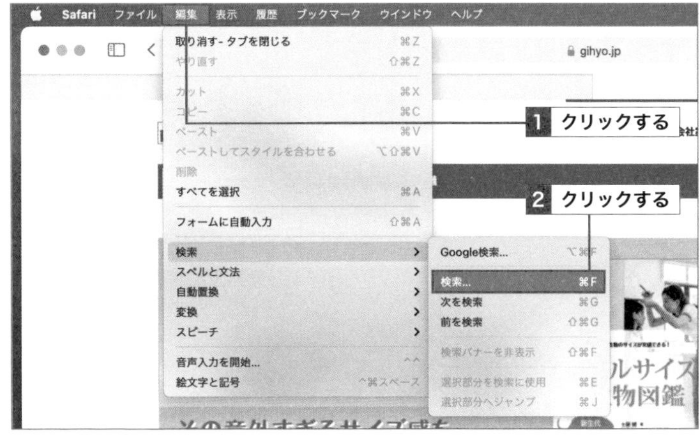

2 検索したいキーワードを入力する

検索バーが表示されるので、検索フィールドにキーワードを入力し1、return キーを押します。

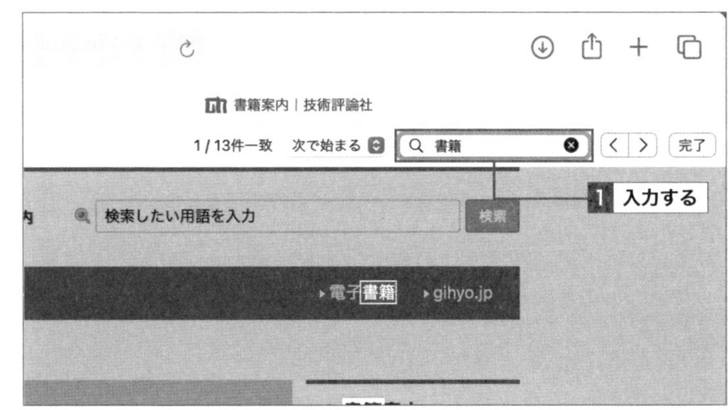

3 キーワードが検索される

検索したキーワードが黄色でハイライト表示されます。キーワードが複数ある場合は、 ＞をクリックすると1、次のキーワードがハイライト表示されます。検索を終了するには完了をクリックします。

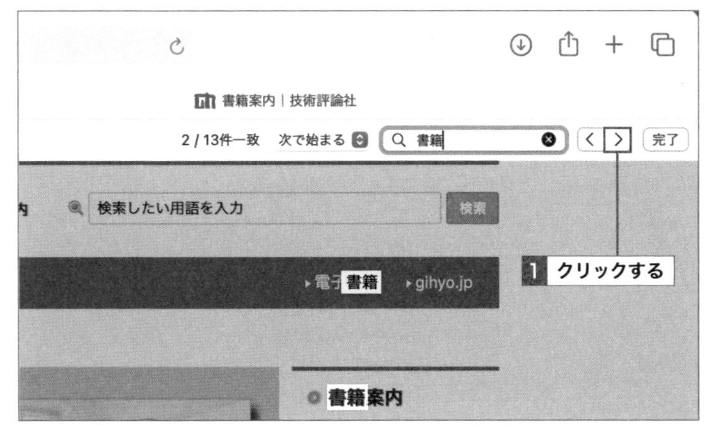

Memo 検索サービスの変更

Safariでは、Googleを使った検索を行いますが、検索サービスYahoo!やBingに変更することもできます。スマート検索フィールドに何も入力していない状態で虫眼鏡アイコンをクリックすると検索サービスの一覧が表示されるので、クリックして検索サービスを切り替えましょう。

Webページをタブで切り替えよう

▼覚えておきたいキーワード
タブ
切り替え
閉じたタブを開く

Safariでは、複数のWebページを「タブ」で表示することができます。タブをクリックすれば、すぐにページを切り替えることが可能です。また、一度閉じたタブをふたたび開くこともできます。

1 タブでWebページを開く

1 新しいタブを開く

新しいタブで開きたいWebページのリンクを command キーを押しながらクリックします 1 。

2 新しいタブでWebページが開く

リンク先が新しいタブで表示されます 1 。

Memo 空のタブを表示

画面右上の<+>をクリックすると、空のタブが表示されます。ここから、URLを入力したり検索を行ったりしてWebページを表示することもできます。

3 タブを切り替える

タブをクリックすると■、そのタブに表示が切り替わります。

2 タブを閉じる／ふたたび開く

1 タブを閉じる

タブの左側に表示された<×>をクリックすると■、タブが閉じます。

2 閉じたタブを開く

<+>をクリックしたままにすると■、最近閉じたタブの一覧が表示されます。開きたいWebサイト名をクリックすることで■、選択したタブが再度表示されます。

Hint タブビューでタブを一覧表示

たくさんのタブを開いている場合、タブビューを使うと便利です。トラックパッド上で2本指でピンチインするとタブの一覧がサムネイル表示され、クリックすることでタブを表示したり、<×>をクリックすることでタブを閉じたりすることができます。

Section 29

ブックマークを登録しよう

▼覚えておきたいキーワード
ブックマーク
サイドバー
お気に入り

よくアクセスするWebページはブックマークに登録しておきましょう。ブックマークに登録すれば、ブックマークをクリックするだけで該当のWebページにアクセスできます。

1 ブックマークに登録する

1 ブックマークメニューを表示する

ブックマークに登録したいWebページを開き、<ブックマーク>メニューをクリックして1、<ブックマークに追加>をクリックします2。

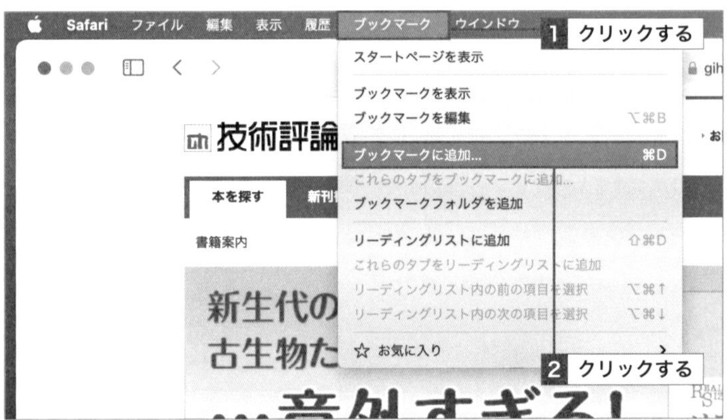

2 ブックマーク名を入力する

ブックマーク名を入力し1、<追加>をクリックすると2、ブックマークが登録されます。

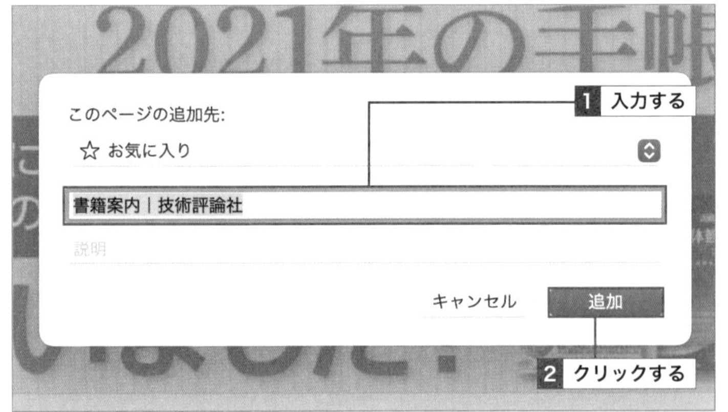

Memo 「お気に入り」に追加されたブックマーク

手順2の「このページの追加先」が「お気に入り」の場合、追加されたブックマークは空のタブを表示した際、アイコンで一覧表示されます。よく使うWebページは「お気に入り」に登録しておくと便利です。

2 ブックマークを開く

1 ブックマークメニューを表示する

<ブックマーク>メニューをクリックし❶、<ブックマークを表示>をクリックします❷。

2 ブックマークをクリックする

サイドバーにブックマークの一覧が表示されます。表示したいWebページのブックマークをクリックします❶。

Memo 一覧が表示されていない場合

ブックマークの一覧が表示されていない場合は、「お気に入り」などのフォルダ名の左横にある〉をクリックすると表示されます。

3 Webページが表示される

Webページが表示されます。

ブックマークを整理しよう

▼覚えておきたいキーワード
ブックマークの一覧
ブックマークの編集
ブックマークを削除

ブックマークをたくさん登録すると、ブックマークを探すのがたいへんになります。そうなる前に、ブックマーク整理しましょう。ここでは、ブックマークの整理方法を紹介します。

1 ブックマークの一覧を入れ替える

1 ブックマークを編集する

<ブックマーク>メニューをクリックし1、<ブックマークを編集>をクリックします2。

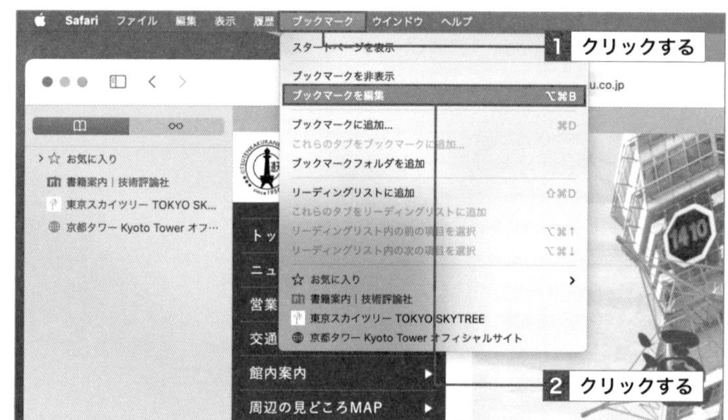

2 ブックマークの一覧が表示される

ブックマークの一覧が表示されます。ブックマーク名をドラッグすることで、ブックマークの順番を入れ替えることができます1。

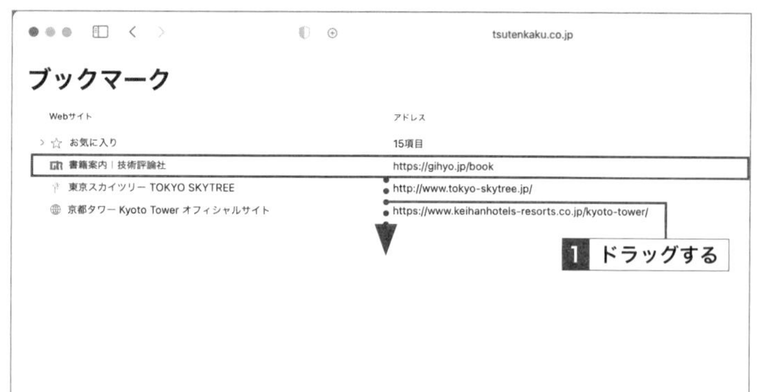

Memo ブックマークをフォルダで整理

「お気に入り」に追加しないブックマークは、フォルダを作って整理すると便利です。手順2の画面で<新規フォルダ>をクリックするとフォルダが作成されるので、目的のブックマークをドラッグ＆ドロップします。カテゴリごとにブックマークをまとめると、それぞれのWebページにアクセスしやすくなります。

2 ブックマークを編集する

1 ブックマークの名前を変更する

ブックマーク上で副ボタンクリックし1、<名称変更>をクリックします2。新しい名前を入力して return キーを押すと、ブックマークの名前が変更されます。

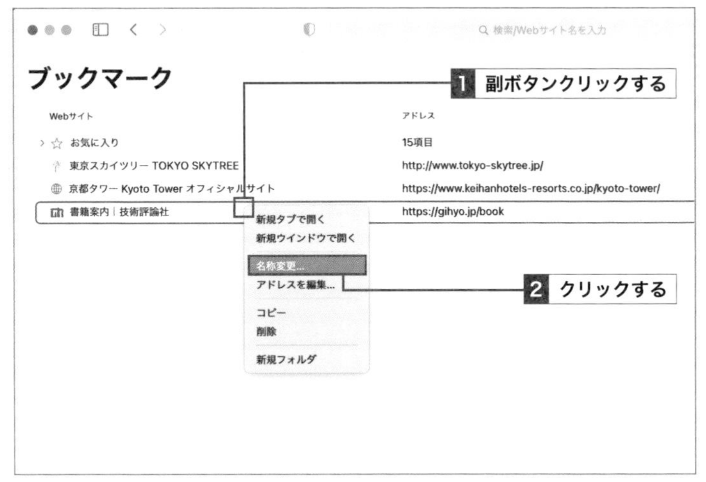

2 ブックマークのURLを変更する

ブックマーク上で副ボタンクリックし1、<アドレスを編集>をクリックします2。URLを修正して return キーを押すと、ブックマークのURLが変更されます。

3 ブックマークを削除する

ブックマーク上で副ボタンクリックし1、<削除>をクリックすると2、ブックマークが削除されます。

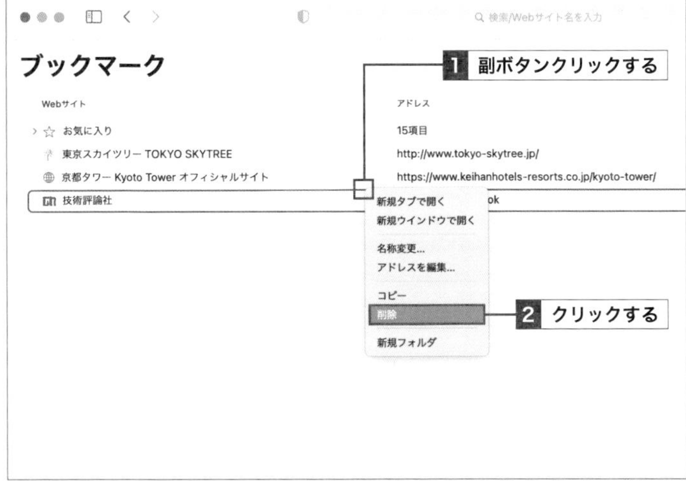

Section 31

ファイルをダウンロードしよう

▼覚えておきたいキーワード
ダウンロード
保存場所
Webページを保存

Safariを使えばさまざまなファイルをダウンロードできます。ここではファイルのダウンロードとWebページをファイルにして保存する方法を紹介します。

1 ファイルをダウンロードする

1 ダウンロードリンクをクリックする

ダウンロードリンクがあるWebページを表示し、ダウンロードリンクをクリックします**1**。

2 ダウンロードの状況を確認する

ダウンロードが始まります。をクリックすると**1**、ダウンロードの状況を確認できます。をクリックすると、ダウンロードを中止します。

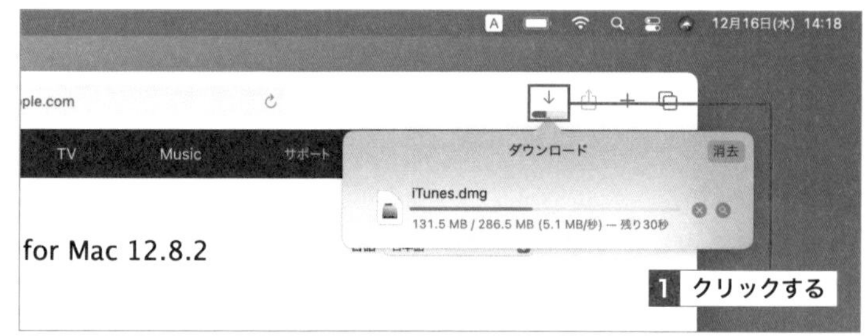

Memo ダウンロードしたファイルの保存場所

ダウンロードしたファイルは、「ダウンロード」フォルダに保存されます。Dockのゴミ箱の左横にある<ダウンロード>をクリックすることで確認できます**1**。

2 Webページを保存する

1 Webページを開く

保存したいWebページを開きます。

2 Webページを保存する

<ファイル>メニューをクリックし❶、<別名で保存>をクリックします❷。

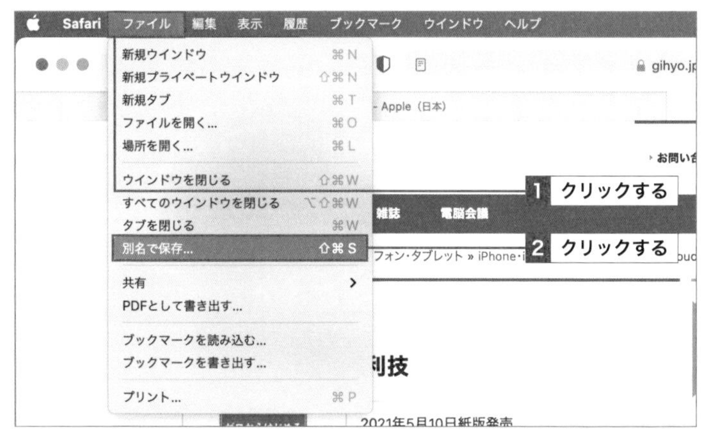

3 ファイル名を入力する

ファイル名を入力し❶、<保存>をクリックすると❷、Webページがファイルで保存されます。

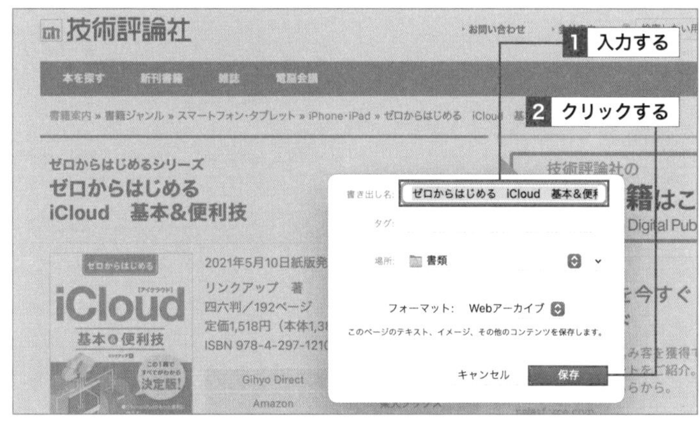

Memo 保存したWebページを開くには

保存したWebページは手順3で指定した「場所」に保存されます。保存されたファイルをダブルクリックすると、Safariで表示することができます。レイアウトなどもきれいに再現されるので、重要な記事を手元に残しておきたい場合などに便利です。

Section 32

「メール」アプリの画面構成を知ろう

▼覚えておきたいキーワード
メール
サイドバー
メッセージリスト

MacBookでは、「メール」アプリを使うことで、メールの閲覧や送受信が行えます。ここでは、「メール」アプリの起動方法と画面構成について紹介します。

1 「メール」アプリを起動する

1 <メール>アイコンをクリックする

Dockの<メール>アイコンをクリックします1。

2 「メール」アプリが起動する

「メール」アプリが起動します。

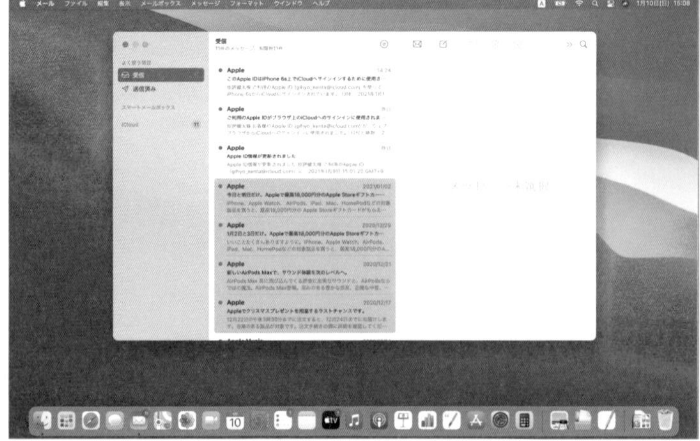

2 「メール」アプリの各部名称

「メール」アプリの各部名称は以下の通りです。右上のアイコンはウインドウの横幅によって表示される種類が変わります。

❶受信	新規メッセージを手動で受信する際に使います。
❷新規メッセージ	新しいメッセージを作成する際に使います。
❸アーカイブ	メッセージを＜受信＞メールボックスから＜アーカイブ＞メールボックスに移動するボタンです。メールを整理する際に使います。
❹ゴミ箱	指定したメッセージをゴミ箱に移動するボタンです。
❺迷惑メール	選択したメッセージを迷惑メールに指定するボタンです。また、迷惑メールになってしまったメッセージから、迷惑メールの指定を解除するときにも使います。
❻返信	選択したメッセージの差出人に返信します。
❼全員に返信	選択したメッセージに含まれているすべてのメールアドレス宛に返信します。
❽転送	選択したメッセージを転送します。
❾フラグを付ける	選択したメッセージにフラグを付けます。
❿スレッドをミュート	選択したスレッドの続きを受信トレイに表示しないようにします。
⓫検索フィールド	特定のキーワードや差出人などからメッセージを検索します。
⓬サイドバー	各種メールボックスや動作状況を表示します。
⓭メッセージリスト	サイドバーで選択したメールボックスの内容をリスト表示します。
⓮メッセージプレビュー	メッセージリストで選択したメールの内容を表示します。

Section 33

メールアカウントを設定しよう

▼覚えておきたいキーワード
メールアカウント
メールアドレス
サーバ

メールをやりとりするには、「メール」アプリの初回起動時にメールアカウントを設定する必要があります。ここでは、メールアカウントの設定方法を紹介します。

1 メールアカウントを追加する

1 メールメニューを表示する

「メール」アプリを起動して＜メール＞メニューをクリックし1、＜アカウント＞をクリックします2。

2 インターネットアカウントウインドウが開く

インターネットアカウントウインドウが開きます。＜その他のアカウントを追加＞をクリックします1。

Memo iCloudのメールアカウント

iCloudの設定が完了している場合は、iCloudのメールアカウントがすでに設定されています。改めてiCloudのメールアカウントを設定する必要はありません。また、iCloudのアカウント情報や同期する項目が表示された場合は画面の指示に従って設定してください。

Memo GmailやYahoo!メールを設定する場合

手順2の画面でGmailのアカウントを設定する場合は＜Google＞を、Yahoo!のメールカウントを設定する場合は＜Yahoo!＞をクリックし、画面に指示に従って設定します。

3 ＜メールアカウント＞をクリックする

＜メールアカウント＞をクリックします1。

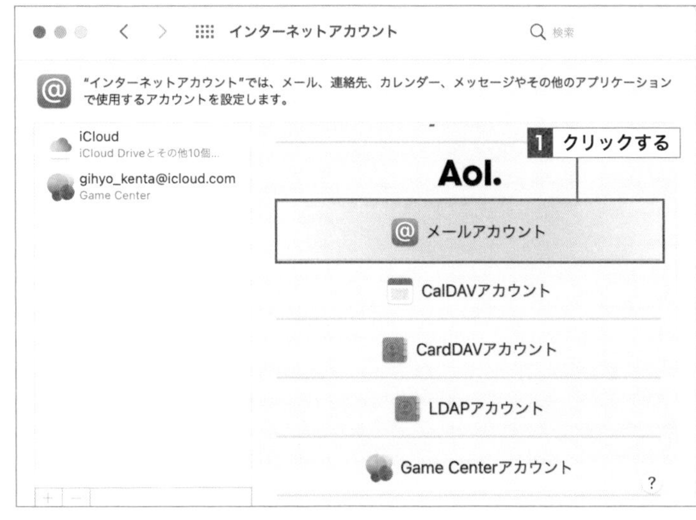

4 メールアドレスとパスワードを入力する

「名前」、「メールアドレス」、「パスワード」を入力し1、サインインをクリックします2。

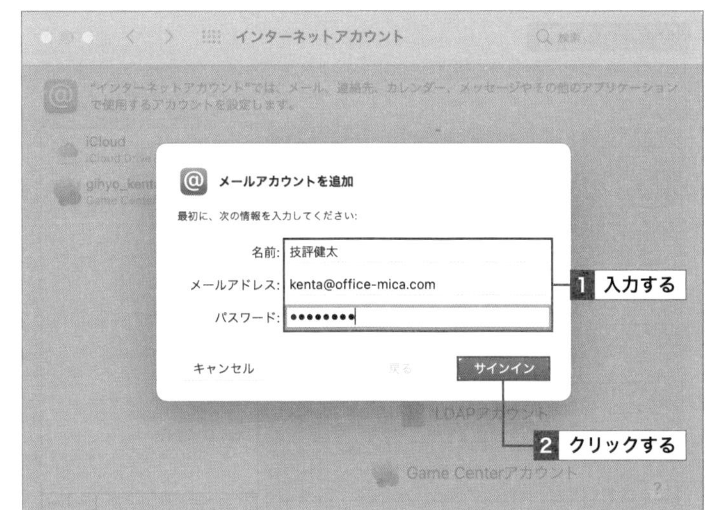

5 サーバなどの情報を入力する

アカウント情報が自動設定される場合もありますが、このような画面が表示された場合は、ユーザ名やメールサーバ名などプロバイダーが提供している情報をもとに必要な情報を入力し1、＜サインイン＞をクリックします2。これでアカウントの設定が終了します。

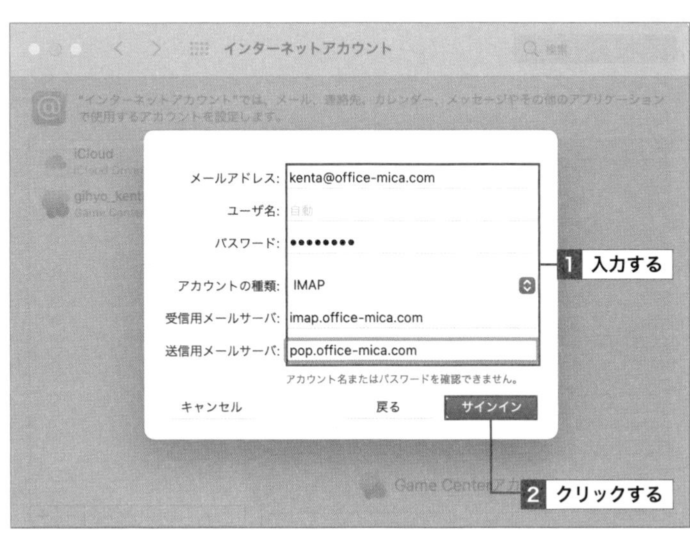

Section 34

メールを受信・閲覧しよう

▼覚えておきたいキーワード
受信
新着メール
環境設定

メールアカウントの設定が終わったらメールを受信してみましょう。「メール」アプリを起動しておけば、自動的にメールを受信することができますが、ここでは任意のタイミングで受信する方法を紹介します。

1 新着メールを受信する

1 メールを受信する

<メールボックス>メニューをクリックし❶、<新規メールを受信>をクリックします❷。

2 メッセージリストに表示される

新着メールがあれば、受信されメッセージリストに表示されます。新着メールには、未読のアイコン●が表示されます。メッセージリストのメールをクリックすると❶、メッセージプレビューにメールの本文が表示されます。

Memo 新着メールの数

新着メールがあると、「受信」メールボックスに新着数が表示されます。この数を頼りに新着メールの有無を確認するとよいでしょう。

2 5分ごとにメールを自動受信する

1 環境設定を表示する

<メール>メニューをクリックし1、<環境設定>をクリックします2。

2 設定画面が表示される

設定画面が表示されるので、<一般>タブをクリックします1。

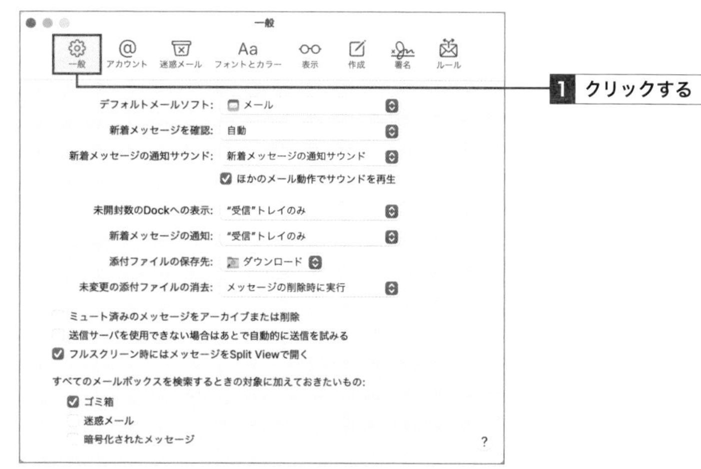

3 5分ごとに変更する

「新着メッセージを確認」の<自動>をクリックし1、<5分ごと>をクリックします2。以後、メールは5分ごとに新着メールを受信するようになります。

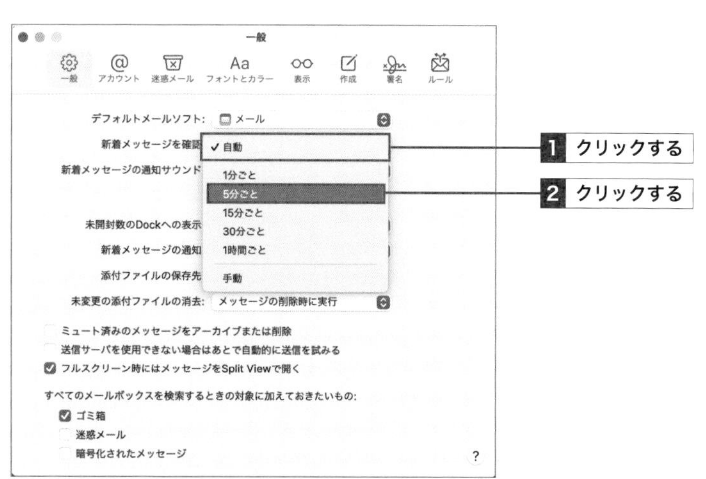

Hint 自動で受信しないようにするには

メールを自動で受信したくない場合は、「新着メールの受信」を<手動>に設定します。これでメールを自動的には受信しなくなります。メールを受信するにはP.94の操作を行います。

メールを作成・送信しよう

▼覚えておきたいキーワード
送信
宛先
件名

新規メールを作成し、宛先や題名、内容を記載すれば、そのメールを相手に送信できます。また、CcやBccを使って複数の相手にメールを送信することも可能です。

1 メールを作成する

1 新規メールを作成する

をクリックします1。

2 宛先や件名や本文を入力する

新規メッセージウインドウが表示されるので、宛先や件名、メールの本文を入力します1。

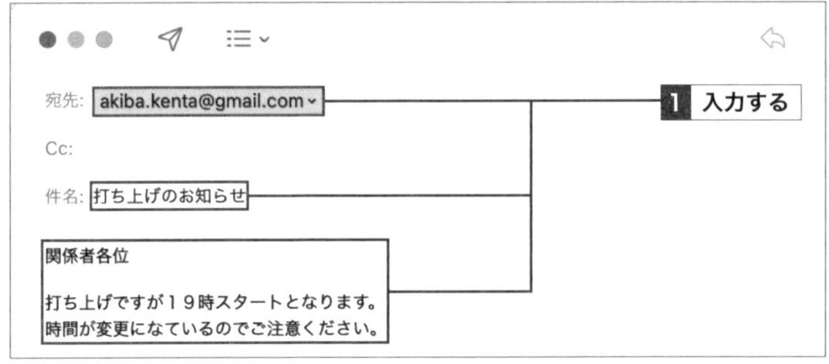

Memo アドレス帳との連携

宛先の情報がアドレス帳に登録してある場合、手順2の画面で＜＋＞をクリックして相手を選択することで、宛先に設定することができます。

2 メールを送信する

1 メールを送信する

作成したメールの内容を確認し、をクリックします1。

2 メールが送信された

メールが送信され、メッセージウインドウが閉じます。送信したメールを確認するには、<送信済み>メールボックスをクリックします1。

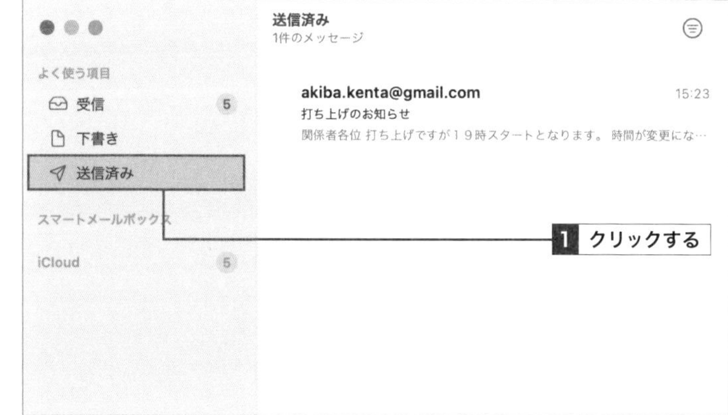

3 送信した内容を確認する

該当のメールをクリックすると1、送信した内容を確認できます。

Memo 複数人にメールを送信するには

複数の相手にメールを送信したい場合は、「宛先」にメールアドレスを続けて入力します。メールを参照して欲しい相手の場合は「Cc」に入力し、メールを参照してほしいけどそのアドレスを知られたくない場合は をクリックして<Bccアドレス欄>をクリックし、「Bcc」に入力します。

Section 36

写真付きのメールをやりとりしよう

▼覚えておきたいキーワード
写真
添付
イメージサイズ

「メール」アプリでは、メールに写真を添付してやりとりすることができます。写真はメール本文内に表示されるので、添付ファイルをクリックする必要もありません。

1 メールに写真を添付する

1 写真をドラッグ&ドロップする

P.96を参考に新規メッセージウインドウを表示し、Finderや「写真」アプリなどから写真をドラッグ&ドロップします1。

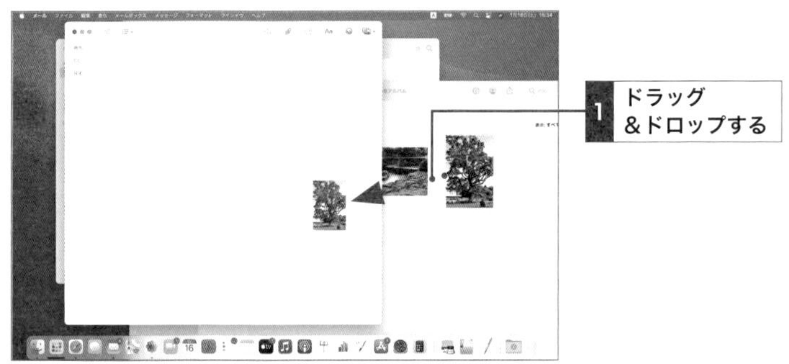

2 メールを送信する

写真が表示されるので、宛先や本文などを入力し1、◁をクリックしてメールを送信します2。

Memo **添付写真のファイルサイズに注意**

あまりにもファイルサイズが大きい写真は、メールでは送受信できない場合があります。そのような場合は、「イメージサイズ」を<中>や<小>にすると、送信できる場合があります。また、たくさんの写真を送りたい場合は、Sec.45を参考に共有アルバムを作成するとよいでしょう。

2 写真付きメールを受信する

1 メールを受信する

<メールボックス>メニューをクリックし1、<新規メールを受信>をクリックします2。

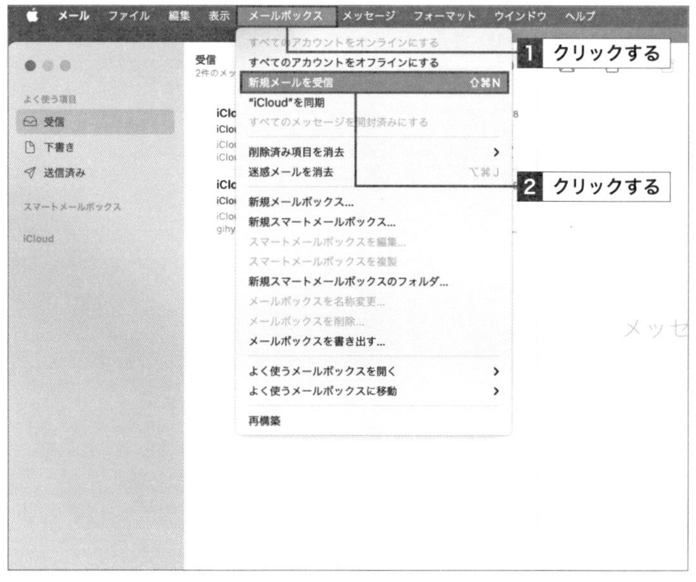

2 写真付きメールを受信する

添付ファイルがあるメールは、メッセージリストの一覧にクリップマークのアイコン📎が表示されます1。

3 写真付きメールを確認する

メールをクリックすると1、写真の場合は自動的に表示されます。表示されていない場合は、メール内のアイコンをダブルクリックすると表示されます。

メールを返信／転送しよう

▼覚えておきたいキーワード
返信メール
転送メール
件名

届いたメールに返事をすることを「返信」、届いたメールを他の誰かに送ることを「転送」といいます。ここでは、メールの返信と転送の方法について紹介します。

1 メールを返信する

1 返信メールを作成する

メッセージリストで返信したいメールをクリックし1、⇦をクリックします2。

2 本文を入力して送信する

新規メッセージウインドウが表示されるので、本文を入力し1、◁をクリックします2。

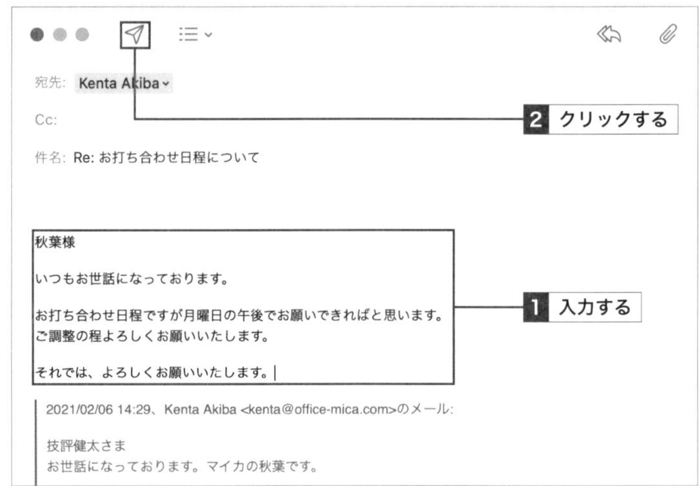

Memo 全員に返信

受信したメールに複数の宛先が記載されている場合、⇦をクリックすると、すべての宛先に返信することができます。グループで情報共有している場合などには、こちらの方法で返信しましょう。

2 メールを転送する

1 転送メールを作成する

メッセージリストで転送したいメールをクリックし❶、⇨をクリックします❷。

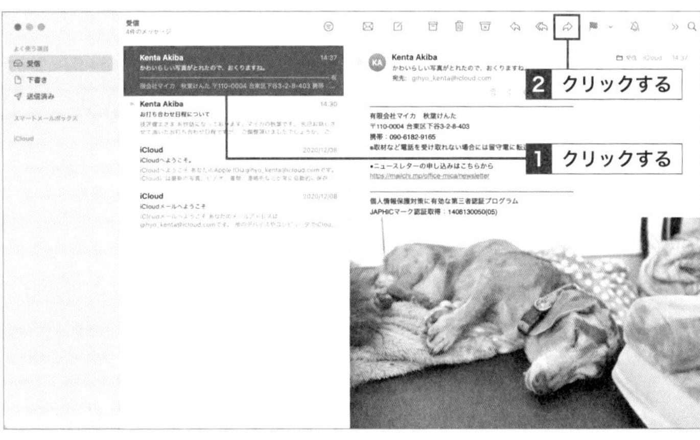

2 宛先を入力する

新規メッセージウインドウが表示されるので、転送する宛先を入力します❶。本文を追加して入力することもできます。

3 メールを送信する

◁をクリックすると❶、メールが転送されます。

Memo 返信や転送の件名

メールの返信の場合、宛先や件名などは自動的に入力されます。件名の頭には「Re:」が追加されます。また、メールの転送の場合、件名の頭には「Fwd:」が追加されます。他のメールソフトでも同様なので、メールの件名だけで返信メールなのか転送メールなのか判断することができます。

メールを整理／削除しよう

▼覚えておきたいキーワード
メールを削除
ゴミ箱
アーカイブ

メールでやりとりしていると、どんどんメールがたまっていきます。ここでは、新規にメールボックスを作成して整理する方法とメールの削除方法を紹介します。

1 メールボックスを新規に作成する

1 メールボックスを作成する

<メールボックス>メニューをクリックし1、<新規メールボックス>をクリックします2。

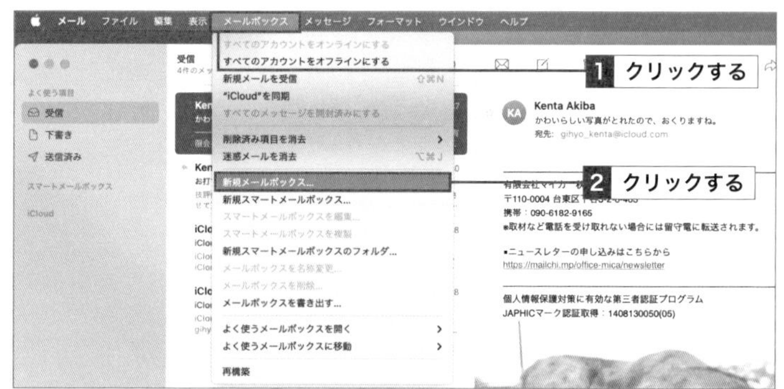

2 メールボックス名を入力する

メールボックスの名前を入力し1、<OK>をクリックします2。

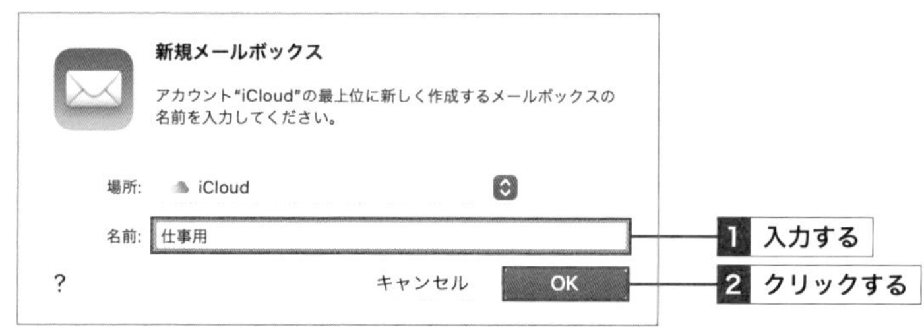

Memo メッセージをメールボックスに移動するには

作成したメールボックスにメールをドラッグ＆ドロップするとメッセージを移動することができます。メールボックスが表示されていない場合は、「iCloud」などの場所名の右の❯をクリックします。

2 メールを削除する

1 削除するメールを選ぶ

メッセージリストで削除したいメールをクリックし**1**、🗑をクリックします**2**。

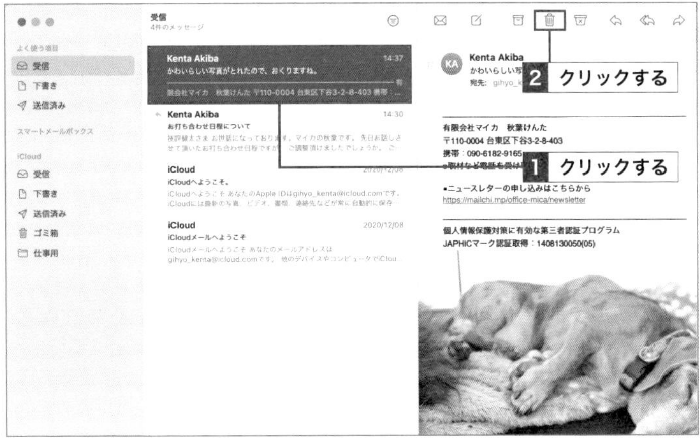

2 メールが削除される

メールが削除されます。

Memo 削除したメールはすぐには削除されない

削除したメールは＜ゴミ箱＞メールボックスに移動します。この段階では、メッセージはまだ完全には削除されていません。＜ゴミ箱＞メールボックスをクリックし、副ボタンクリックして、＜削除済み項目を消去＞→＜消去＞をクリックすると、＜ゴミ箱＞メールボックスのメールがすべて完全に消去されます。もし、間違えてメッセージをゴミ箱に移動してしまっても、＜ゴミ箱＞メールボックスからメッセージを＜受信＞メールボックスにドラッグすることで、もとに戻すことができます。

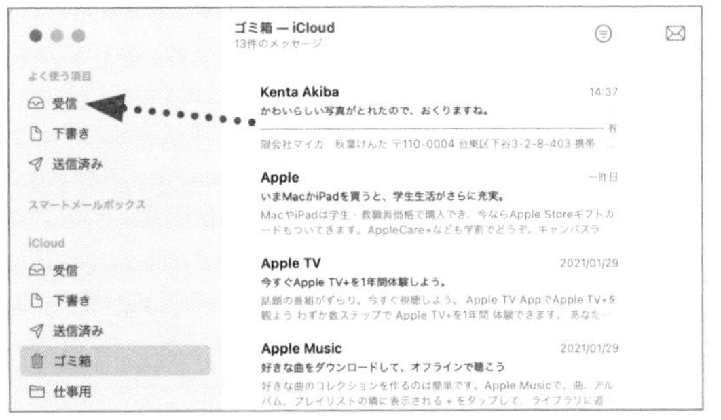

Memo アーカイブとは

メールを削除ではなく「アーカイブ」🗃すると、メールを残したまま＜受信＞メールボックスから消すことができます。後で見返すかもしれないメールは、削除ではなくアーカイブしておくとよいでしょう。

Section 39

メールの署名を作成しよう

▼覚えておきたいキーワード
署名
環境設定
署名の切り替え

送信するメールに氏名や住所、連絡先などの情報を記入しておけば、相手が連絡しやすくなるでしょう。また、プライベート用／仕事用のように複数の署名を切り替えて使うこともできます。

1 署名を作成する

1 メールの環境設定を表示する

＜メール＞メニューをクリックし1、＜環境設定＞をクリックします2。

2 ＜署名＞をクリックする

＜署名＞をクリックすると1、「署名」の設定画面が表示されます。

3 署名を作る

署名を設定するメールアカウントをクリックし1、<+>をクリックして2、署名の名前を入力します3。その後、名前やメールアドレスなど必要な情報を入力します4。

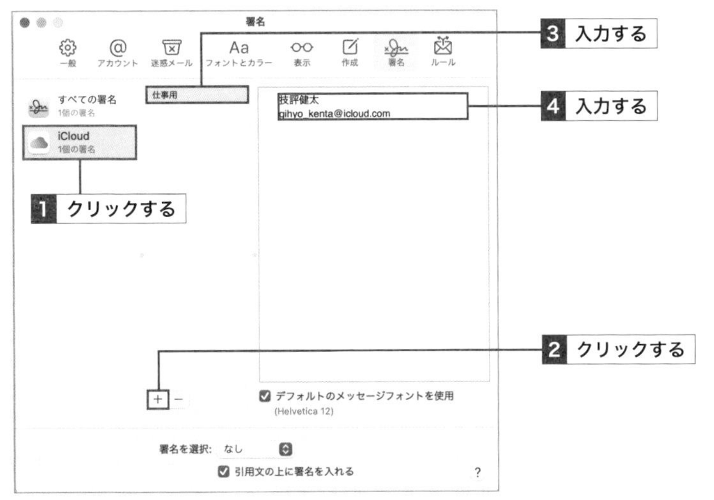

4 署名を自動設定する

●をクリックして手順3の画面を一度閉じ、再度手順1～2の操作で「署名」ウインドウを表示してアカウントをクリックします1。「署名を選択」に作成した署名の名前が設定されていることを確認し2、設定されていない場合は名前をクリックして選択します。

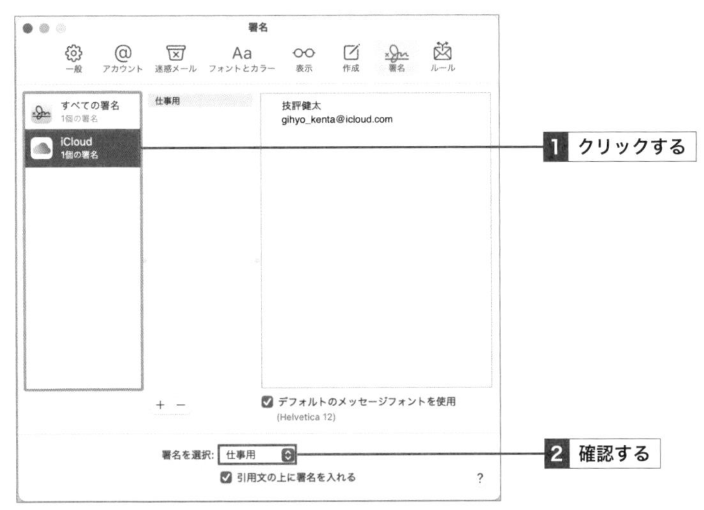

2 署名を確認する

1 メッセージを新規作成する

をクリックして新規メッセージウインドウを表示すると、署名が自動的に追加されていることが確認できます1。

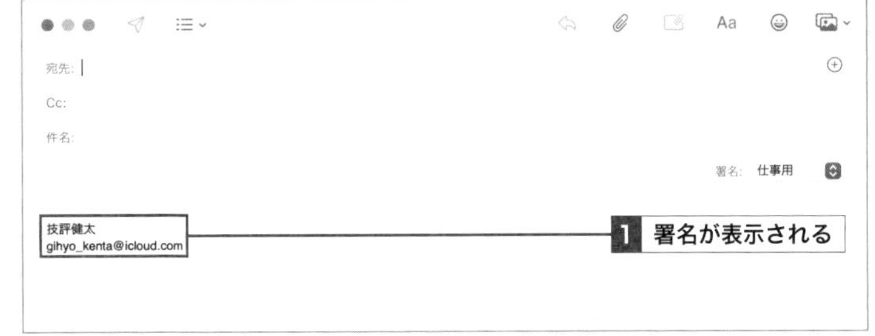

Memo 複数の署名の使い分け

署名は、仕事用、プライベート用というように複数作成して使い分けることができます。署名を切り替えるには、メッセージの新規作成の画面で「署名」横の名前をクリックします。メールをやりとりしている相手に合わせて変更するとよいでしょう。

「FaceTime」アプリと「メッセージ」アプリ

MacBookでは、コミュニケーションの手段としてメール以外に、無料通話／無料テレビ電話として使える「FaceTime」アプリや、メッセージのやりとりを行える「メッセージ」アプリを使うことができます。
どちらもMacBookユーザだけでなく、iPhoneやiPadユーザともコミュニケーションが取れるのが特徴です。なお、利用にあたってはMacBookにiCloudアカウントが設定されていることが必要となります（第6章参照）。

「FaceTime」アプリ

「FaceTime」アプリは、iCloudの連絡先に登録してあるユーザと音声通話が可能です。また、MacBookのインカメラを利用してテレビ電話でコミュニケーションすることもできます。通話料は無料なので、遠く離れた人とコミュニケーションを取りたい場合に便利です。

「メッセージ」アプリ

「メッセージ」アプリは「FaceTime」アプリと同様に、iCloudの連絡先に登録してあるユーザとテキストチャットが可能です。iPhoneやiPadなどとテキストや写真、イラスト、ステッカー（スタンプ）、ミー文字などを使ってコミュニケーションすることができます。

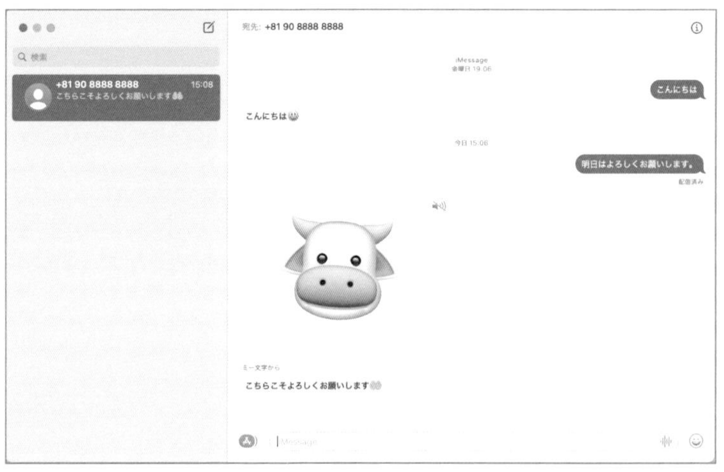

Chapter 04

第4章

写真／音楽／動画を楽しむ

Section
40 「写真」アプリの画面構成を知ろう

▼覚えておきたいキーワード
写真
メディアタイプ
アルバム

「写真」アプリはデジタルカメラやスマートフォンで撮影した写真を読み込んで、閲覧・編集・共有できる写真管理ソフトです。iPhone／iPadの「写真」アプリと似たような機能が利用できます。

1 「写真」アプリを起動する

1 ＜写真＞アイコンをクリックする

Dockの＜写真＞アイコンをクリックします1。

2 「写真」アプリが起動する

「写真」アプリが起動します。

2 「写真」アプリの各部名称

「写真」アプリの各部名称は以下の通りです。

❶閉じる、しまう、フルスクリーン	ウインドウを閉じる、ウインドウをDockにしまう、フルスクリーン表示するボタンです。
❷拡大／縮小	スライダーを操作してサムネイルの表示を拡大／縮小します。
❸写真	アプリ内の写真はここから確認できます。人物や撮影地ごとに分類して表示することもできます。
❹メディアタイプ	ビデオやLive Photosなど「写真」アプリが自動的に分類したアルバムを表示します。
❺共有アルバム	iCloudで共有中のアルバムを表示します。
❻マイアルバム	自分で作成したアルバムを表示します。
❼情報	写真の撮影日時や撮影時の設定などを確認できます。また、情報の追加も行えます。
❽共有	メールを介した写真の共有や、AirDropでの送信が行えます。
❾お気に入り	写真をお気に入りに登録できます。登録した写真はライブラリから確認できます。
❿反時計回りに回転	写真の向きを反時計回りに回転することができます。
⓫検索	検索フィールドを表示します。キーワード検索のほか、撮影日付などで絞り込むことができます。
⓬コンテンツ表示領域	ツールバーのタブで選択した形式でサムネイルが表示され、サムネイルをダブルクリックすると写真が表示されます。

Memo **サイドバーが表示されていない場合**

ウインドウの幅が狭いと、自動的に❸～❻のサイドバーが非表示になってしまいます。その場合は、ウインドウの端をドラッグしてウインドウの幅を広げることで表示されるようになります。

写真を読み込もう

▼覚えておきたいキーワード
デジタルカメラ
写真を読み込む
進行状況

「写真」アプリは、デジタルカメラなどで撮影した写真を読み込むことができます。MacBookとデジタルカメラをUSBケーブルで接続してボタンをクリックするだけで、ほぼ自動で写真を取り込んでくれます。

1 デジタルカメラを接続する

1 デジタルカメラを接続する

デジタルカメラをUSBケーブルで接続すると、デスクトップに外部メディアのアイコンが表示されます1。

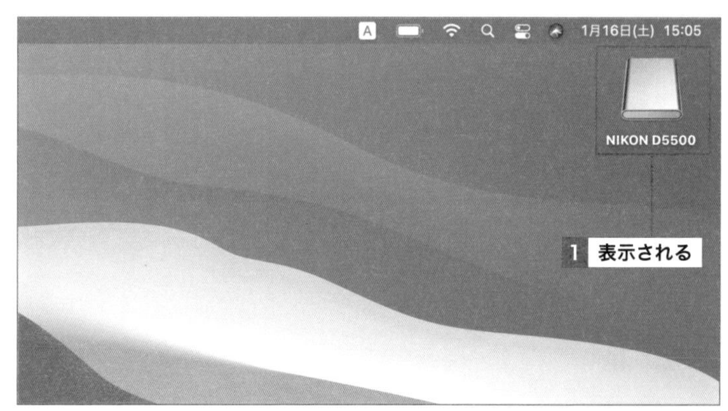

2 写真を読み込む

「写真」アプリを起動すると、デジタルカメラ内の写真が表示されます。<すべての新しい写真を読み込む>をクリックします1。

Memo デジタルカメラが認識しない場合

デジタルカメラを接続しても認識されない場合は、<ファイル>メニュー→<読み込み>をクリックします。それでも認識されない場合は、SDカードなどの記録メディアを取り出してMacBookで読み込みます。読み込むためにはメモリカードリーダーが必要になる場合もあります。

3 写真が読み込まれる

画面が切り替わり、デジタルカメラで撮影した写真が次々とMacBookに読み込まれます。

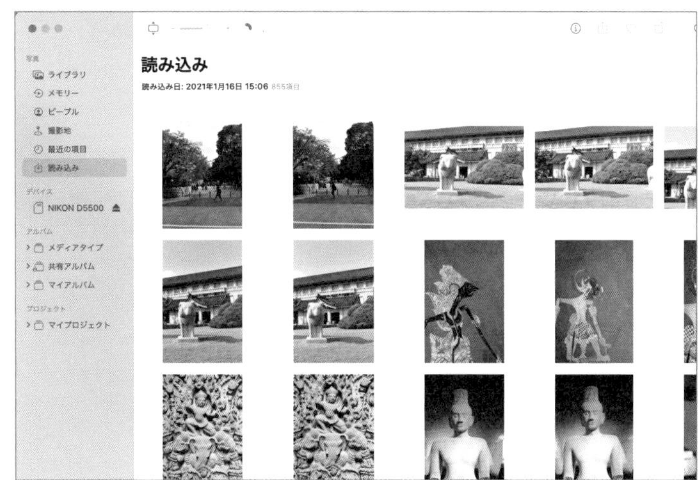

4 進行状況を確認する

◯をクリックすると1、進行状況を確認することができます。

5 デジタルカメラを取り外す

写真の読み込みが終わったら、外部メディアのアイコンをゴミ箱にドラッグ&ドロップします1。アイコンが消えたらデジタルカメラをMacBookから取り外します。

写真を閲覧しよう

▼覚えておきたいキーワード
閲覧
サムネイル
2本指

「写真」アプリに取り込んだ写真は、サムネイルで一覧表示されます。ダブルクリックすることで大きく表示され、2本指の操作で次の写真を表示したりサムネイルの一覧に戻したりすることができます。

1 サムネイルの表示方法を切り替える

1 写真の一覧を表示する

「写真」アプリを起動すると、写真はサムネイルで表示されます。トラックパッドで2本指の間を狭めるように操作します（ピンチクローズ）**1**。

2 サムネイルが縮小される

サムネイルが縮小されます。トラックパッドで2本指を広げるように操作すると（ピンチオープン）サムネイルが拡大されます**1**。

2 写真を閲覧する

1 写真を閲覧する

サムネイルの中から閲覧したい写真をダブルクリックします1。

2 写真が大きく表示される

写真が大きく表示されます。トラックパッドで2本指でスワイプします1。

3 次の写真が表示される

次の写真が表示されます。写真をダブルクリックするか、トラックパッドで2本指の間を狭めるように操作すると、サムネイルの一覧画面に戻ります。

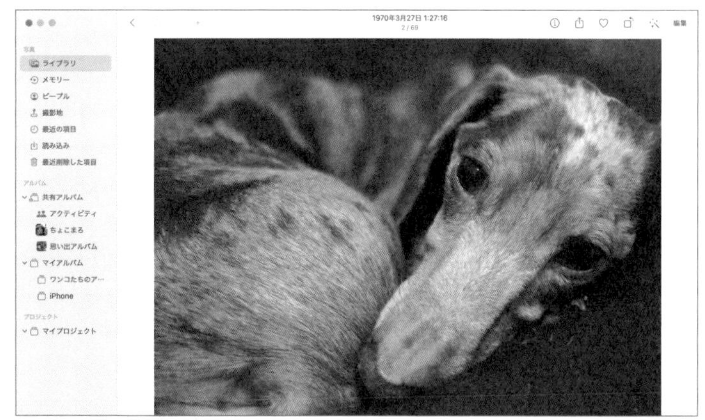

Memo 写真の印刷

写真を印刷するには、あらかじめMacBookにプリンタを接続し、印刷できるようにしておきます。印刷したい写真を表示し、＜ファイル＞メニュー→＜プリント＞をクリックして、プリンタや用紙サイズなどを設定し、＜プリント＞をクリックすると印刷が行えます。

写真を整理しよう

▼覚えておきたいキーワード
アルバムの作成
アルバム名
写真の削除

取り込んだ写真はアルバムにまとめて整理することができます。また、不要な写真は削除することができます。ゴミ箱と同様、一時的に「最近削除した項目」に残りますが、30日経つと自動的に削除されます。

1 アルバムを作成する

1 新規アルバムを作る

＜ファイル＞メニューをクリックし1、＜新規アルバム＞をクリックします2。

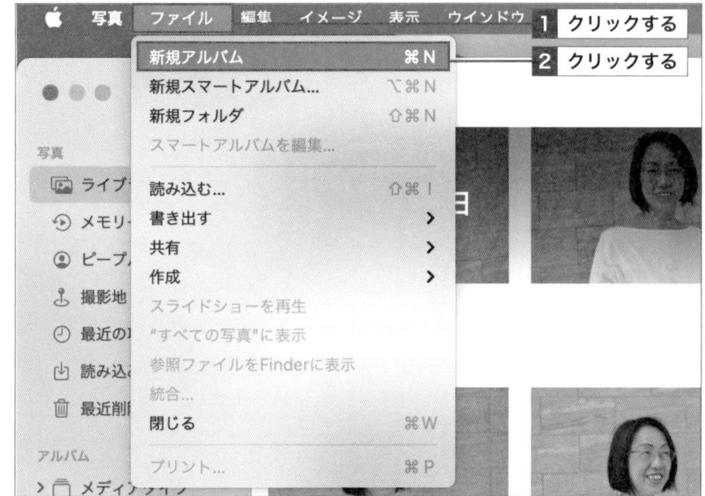

2 アルバム名を入力する

アルバムが作成されるので、アルバム名（ここでは、「ワンコたちのアルバム」）を入力し1、＜ライブラリ＞をクリックして写真の一覧画面に戻ります2。

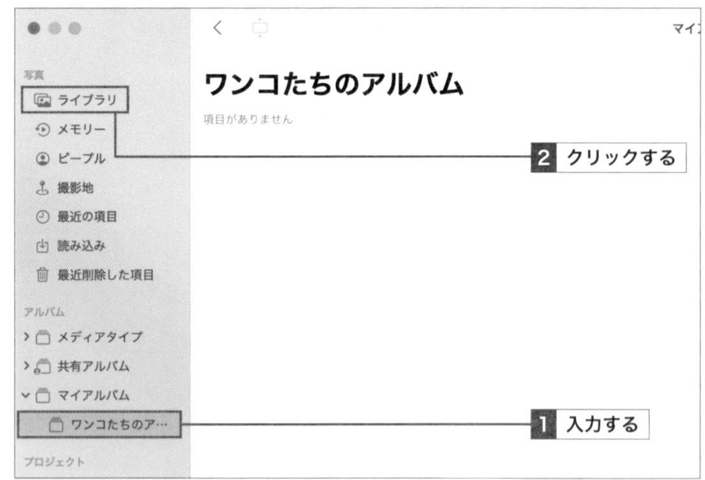

3 写真をアルバムに登録する

作成したアルバムに写真をドラッグ&ドロップします1。

4 アルバムの写真を閲覧する

作成されたアルバムをクリックすると1、アルバムの写真が表示されます。

2 写真を削除する

1 写真を削除する

写真を削除するには、<ライブラリ>をクリックして写真の一覧画面で不要な写真を選択して delete キーを押します1。確認画面が表示されるので、<削除>をクリックします2。

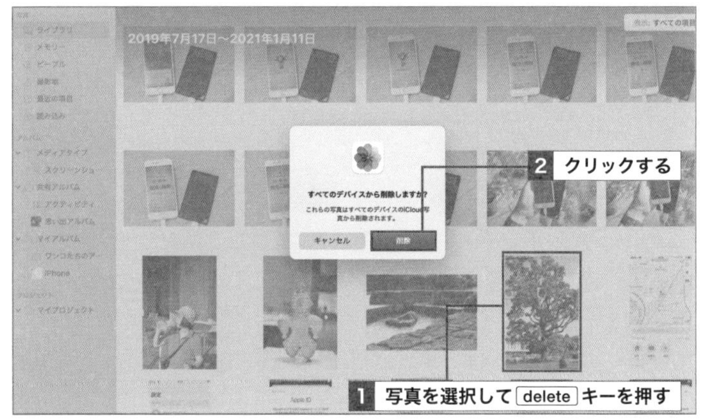

Memo 削除した写真

削除した写真は「最近削除した項目」に残るので、完全に削除する前であればドラッグ＆ドロップでもとに戻すことができます。「最近削除した項目」に残った写真は、<すべてを削除>をクリックするか、30日経つと自動的に削除されます。

Section 44 写真を編集しよう

▼覚えておきたいキーワード
自動補正
写真の編集
フィルタ

「写真」アプリでは、写真を編集することもできます。トリミングしたり、明るさや色味を調整したり、本格的な写真編集が可能です。自動補正機能もあるので、初心者でも安心です。

1 写真を自動補正する

1 写真を表示する

編集したい写真をダブルクリックして表示し、 をクリックします❶。

2 写真が自動補正される

写真の明るさや色合いが自動的に補正されます。もう一度 をクリックすると❶、もとに戻ります。

2 写真を編集する

1 写真を表示する

編集したい写真をダブルクリックして表示し、<編集>をクリックします■1。

2 <フィルタ>をクリックする

<調整>では明るさや色合いを細かく設定することができます。<フィルタ>をクリックします■1。

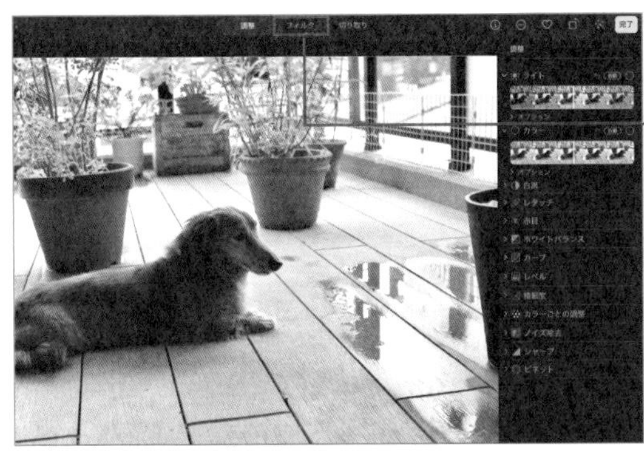

3 フィルタを適応する

適用したいフィルタをクリックすると■1、即座に反映されます。<完了>をクリックすると■2、編集が完了します。

Memo 編集結果をもとに戻すには

編集結果が気に入らない場合は、画面左上の<オリジナルに戻す>をクリックすれば、最初の状態に戻すことができます。

Hint トリミングで余計な部分をカットするには

P.117手順2の画面で<切り取り>をクリックすると、写真の不要な部分をカットすることができます。縦横比を指定して、好みのサイズで切り出すことも可能です。

写真を共有しよう

▼覚えておきたいキーワード
- 共有
- 共有アルバム
- iCloud写真共有

「写真」アプリで管理している写真は、共有アルバムを使うと友だちや家族とかんたんに共有できます。なお、共有アルバムは、MacBook、iPhone、iPad上で閲覧できます。

1 共有アルバムを作る

1 写真を共有する

サイドバーの「共有アルバム」の＜アクティビティ＞をクリックし**1**、＜共有を開始＞をクリックします**2**。「iCloud写真共有をオンにしてください」という画面が表示されたら、画面の指示に従って設定します。

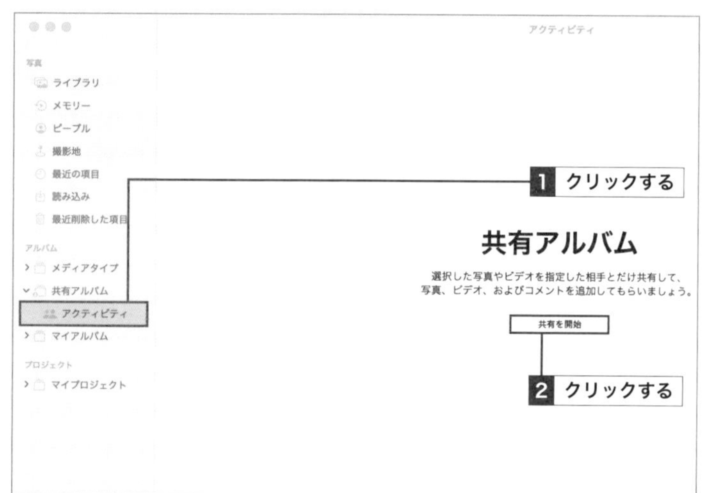

2 アルバム名などを入力する

「共有アルバム名」にアルバム名を入力し**1**、「参加依頼」に共有したい人のメールアドレスを入力して**2**、＜作成＞をクリックします**3**。

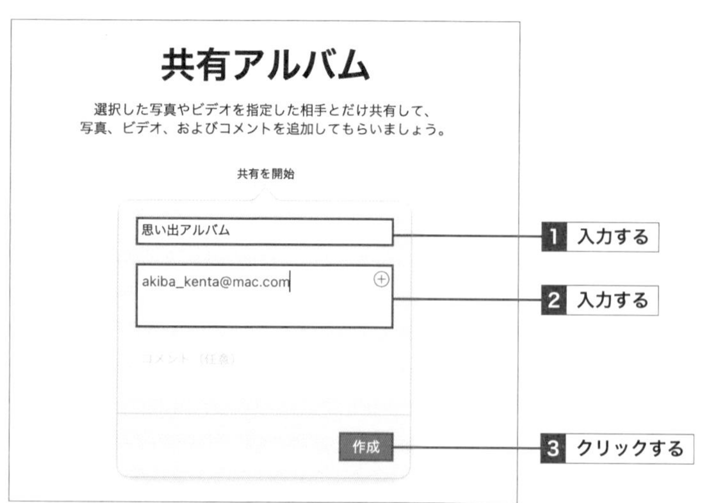

3 共有アルバムに写真を追加する

サイドバーに共有アルバムが表示されるので、クリックして表示します1。あとは、Sec.43と同様の操作でアルバムに写真をドラッグ&ドロップすれば、写真が共有されるようになります。

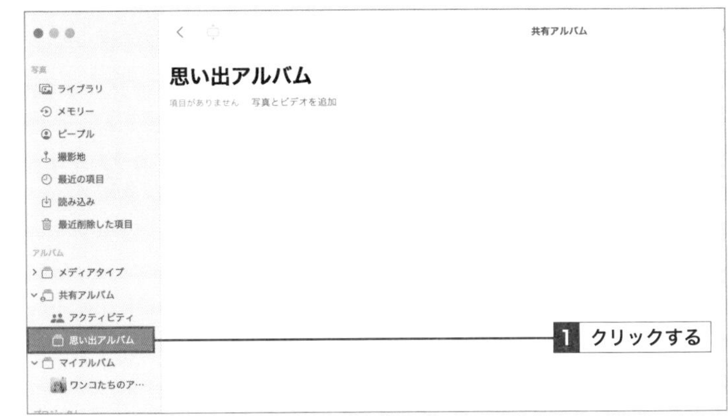

2 共有アルバムを閲覧する

1 共有アルバムに参加する

共有された相手には、招待メールが届きます。<参加する>をクリックします1。

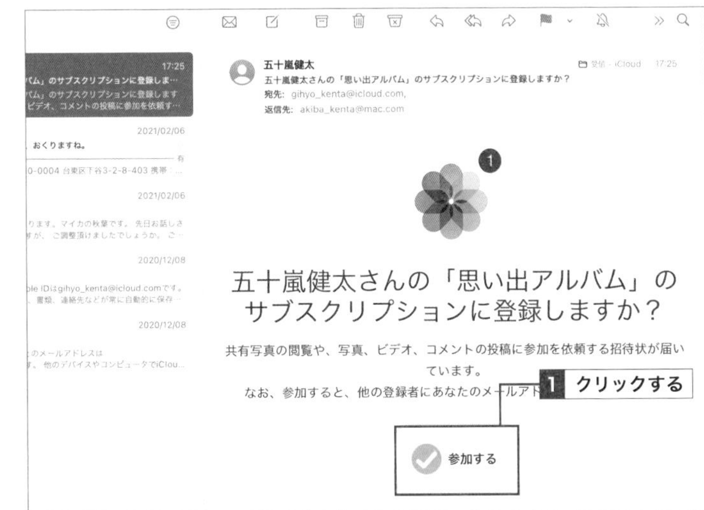

2 「写真」アプリを起動する

「写真」アプリを起動すると、共有アルバムが追加されます。アルバム名をクリックすると1、写真を閲覧できます。

Memo 共有アルバムに写真を追加する

追加で共有したい写真があれば、作成した共有アルバムにドラッグ＆ドロップすることで、すぐに共有することができます。

Section 46

写真をDVDに保存しよう

▼覚えておきたいキーワード
DVD
ディスク作成
書き出し

MacBookでは、写真を記録用DVDに保存することができます。バックアップを手元に残しておきたいときには、外付けのDVDドライブを用意して写真を保存しておきましょう。

1 写真をDVDに書き出す

1 DVDをセットする

外付けDVDを接続して空のDVDをセットし、表示される画面で「操作」を<Finderを開く>に設定し1、<OK>をクリックします2。

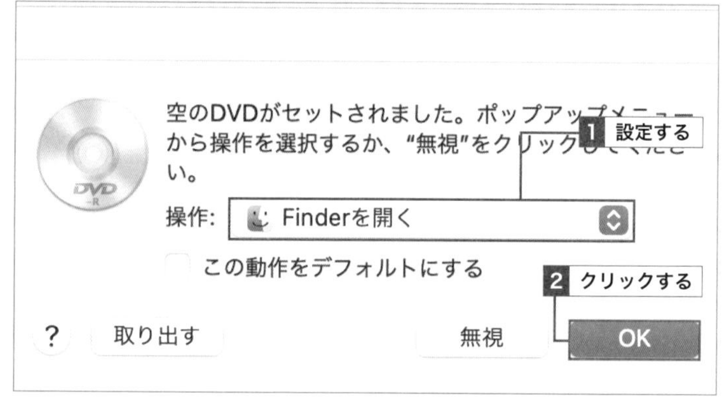

2 保存する写真を選ぶ

「写真」アプリでDVDに保存したい写真をクリックして選択し1、<ファイル>メニュー→<書き出す>→<●枚の写真を書き出す>の順にクリックします2。

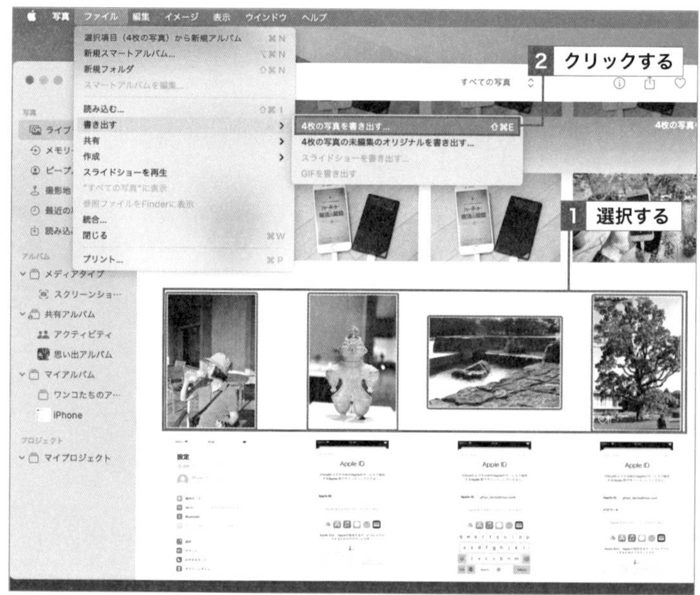

3 書き出し方式を選択する

必要に応じて写真の種類などを選択し、＜書き出す＞をクリックします❶。

4 書き出し先にDVDを指定する

書き出し先にDVD（ここでは＜名称未設定のDVD＞）をクリックして選択し❶、＜書き出す＞をクリックします❷。

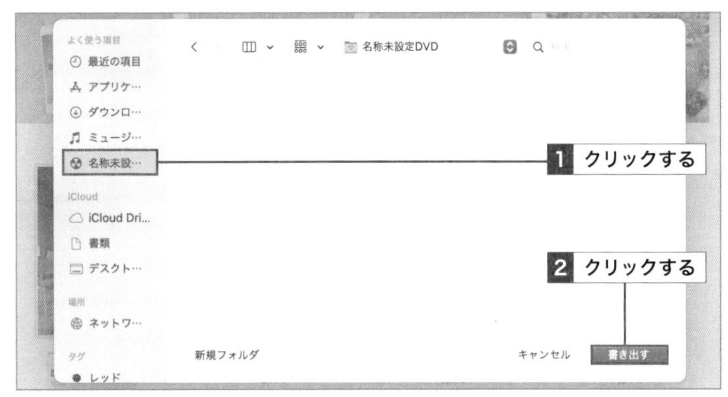

5 ディスクを作成する

書き出すファイルが一覧表示されるので、＜ディスクを作成＞をクリックします❶。この画面が表示されない場合は、デスクトップの＜名称未設定のDVD＞をクリックすると表示されます。

6 ディスク名を入力する

「ディスク名」を入力し❶、＜ディスクを作成＞をクリックすると❷、DVDへの書き込みが行われます。

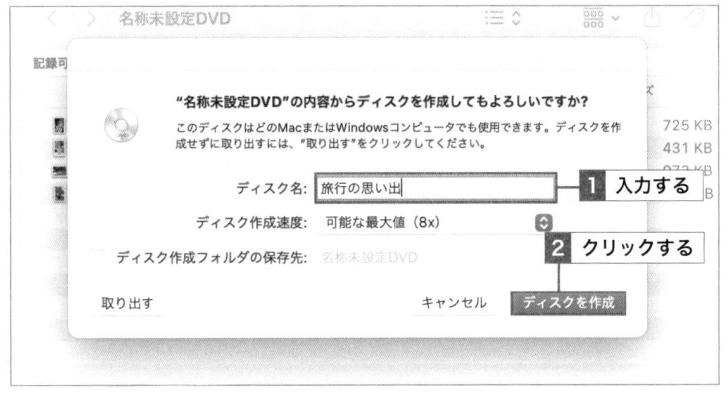

Section 47

「ミュージック」アプリの画面構成を知ろう

▼覚えておきたいキーワード
「ミュージック」アプリ
再生コントロール
ミニプレーヤー

「ミュージック」アプリは、楽曲を管理・再生できるミュージックプレーヤーです。これまでにあった「iTunes」アプリは終了し、音楽、動画、ポッドキャストなどはそれぞれ別のアプリで管理するようになりました。

1 「ミュージック」アプリを起動する

1 「ミュージック」アプリアイコンをクリックする

Dockの＜ミュージック＞アイコンをクリックします1。

2 「ミュージック」アプリが起動する

「ミュージック」アプリが起動します。初回はApple Musicについての画面が表示されるので、Sec.48を参照してください。

2 「ミュージック」アプリの各部名称

「ミュージック」アプリの各部名称は以下の通りです。ここでは、iTunes Storeの画面を表示しています。

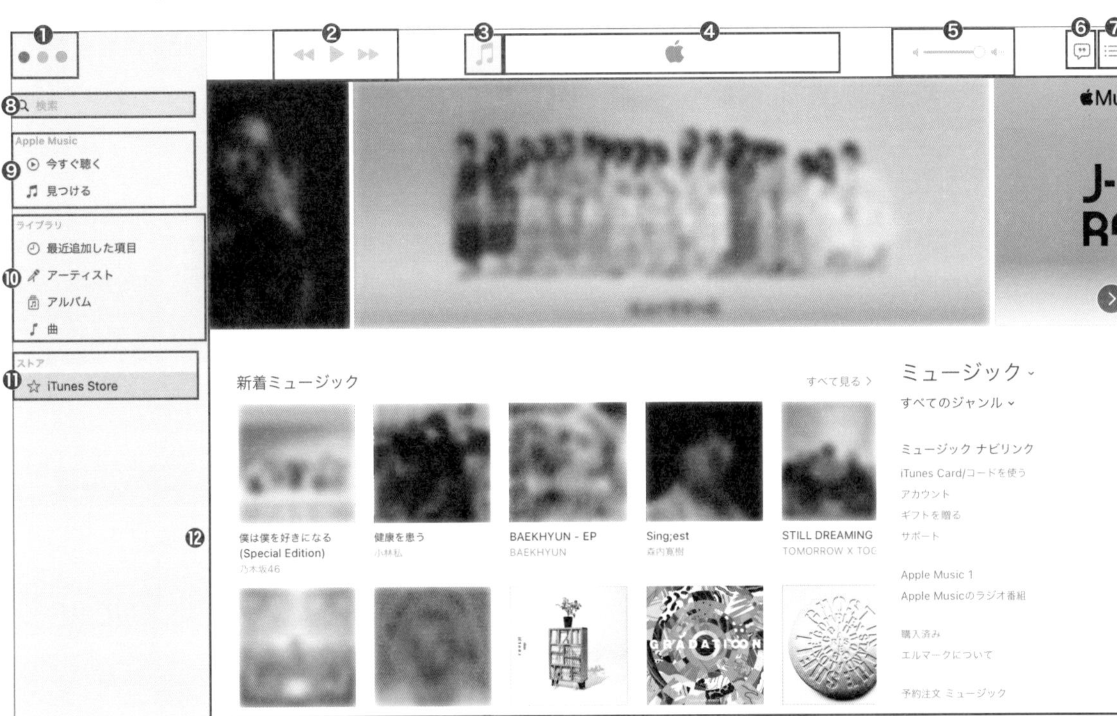

❶閉じる、しまう、フルスクリーン	ウインドウを閉じる、Dockにしまう、フルスクリーン表示するボタンです。
❷再生コントロール	コンテンツ再生時に使用します。再生／一時停止／巻き戻し／早送り、シャッフル、リピートボタンで構成されています。
❸ミニプレーヤー	楽曲の再生に特化したミニプレーヤーを表示します。
❹再生スライダ	楽曲を再生すると楽曲名などの再生状況を表示します。スライダを左右に動かすと、再生位置を変更できます。
❺音量調整スライダ	スライダを左右に動かし音量を調整します。
❻歌詞表示	クリックすると、歌詞がある場合歌詞を表示します。
❼プレイリスト	クリックすると、次に再生する楽曲を表示します。
❽検索フィールド	Apple Music、ライブラリ、iTunes Storeを検索するときに使います。
❾Apple Music	Apple Musicのコンテンツを表示します。
❿ライブラリ	MacBook内にある楽曲をアーティストやアルバムごとに表示します。
⓫ストア	楽曲を購入するiTunes Storeを表示します。
⓬コンテンツ	選択したコンテンツが表示されます。

Memo iTunesは終了

以前のmacOSに付属していた音楽管理ソフトiTunesは提供終了となりました。音楽／動画／ポッドキャストの管理、iPhoneとの同期はそれぞれ別のアプリで行います。

Section 48

Apple Musicで音楽聴き放題サービスを利用しよう

▼覚えておきたいキーワード
Apple Music
定額聴き放題サービス
ジャンル

Apple MusicはAppleが提供している月額980円から使用できる定額の音楽聴き放題サービスです。7,500万曲以上の楽曲を自由に試聴したりダウンロードしたりできます。最初の3か月間は無料で試用することが可能です。

1 Apple Musicに登録する

1 Apple Musicを体験する

初回起動時やSec.47手順2の画面で＜無料で体験する＞をクリックすると、このような画面が表示されます。Apple Musicを体験してみたい場合は＜無料で開始＞を、体験したくない場合は＜今はしない＞をクリックします1。

2 ＜視聴を開始＞をクリックする

「ようこそApple Musicへ」の画面が表示された場合は、＜視聴を開始＞をクリックします1。この画面は手順1の前に表示される場合もあります。

3 支払い情報を入力する

クレジットカード番号や氏名などの情報を入力し■1、<次へ>をクリックします。

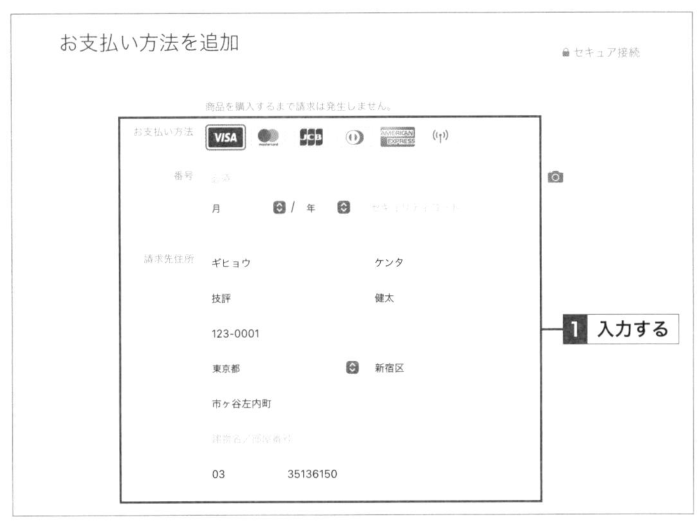

4 好きなジャンルを選ぶ

画面の指示に従い、好きな音楽ジャンルをクリックして選択し■1、<次へ>をクリックします■2。

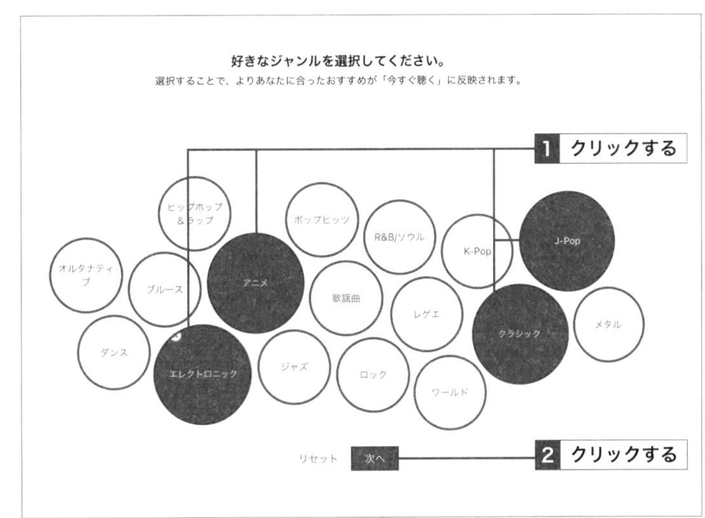

5 Apple Musicに登録された

Apple Musicに登録されます。以降は<今すぐ聴く>、<見つける>、<ラジオ>をクリックすると■1、おすすめのプレイリストが表示されます。それらをクリックすることで■2、楽曲を再生することができます。

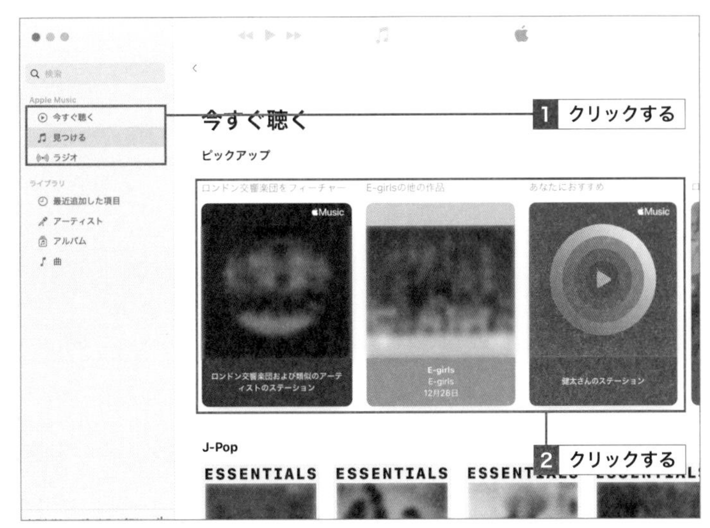

Section 49

音楽CDから楽曲を取り込もう

▼覚えておきたいキーワード
音楽CD
取り込み
音質

「ミュージック」アプリでは、音楽CDのデータをMacBookに取り込むことができます。ここでは、音楽CDの読み込み方法を紹介します。なお、別途外付けのDVDドライブなどが必要となります。

1 音楽CDから楽曲を取り込む

1 音楽CDを挿入する

「ミュージック」アプリを起動して、外付けのDVDドライブに音楽CDを挿入します。ダイアログボックスが表示されたら<はい>をクリックします❶。

2 音楽CDのデータが読み込まれる

音楽CDの曲名などが表示され、読み込みが開始されます。<CD情報>をクリックします❶。

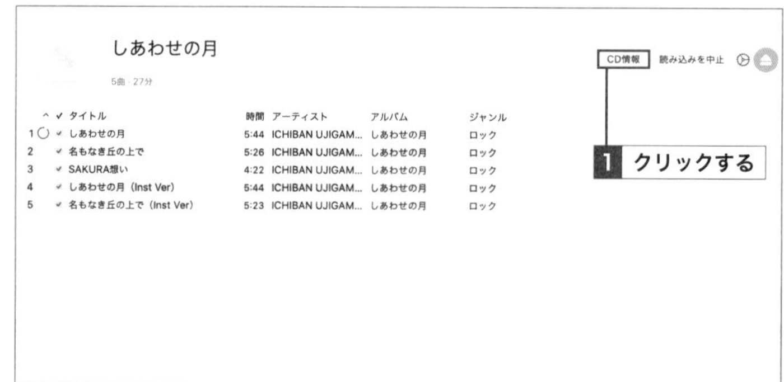

3 CD情報を確認する

アーティスト名やアルバム名などを確認し、修正が必要な場合は変更して❶、<OK>をクリックします❷。

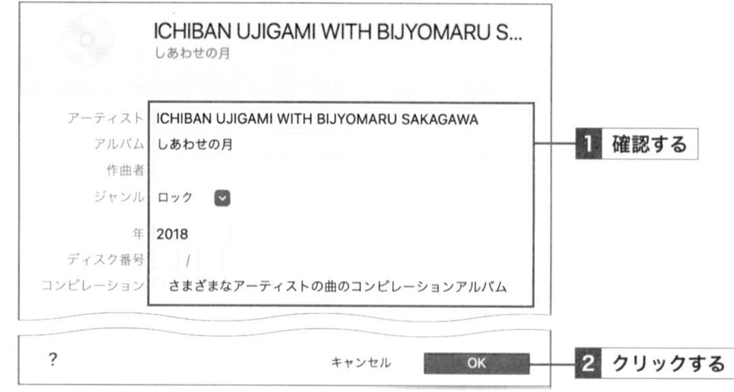

4 音楽CDを取り出す

すべて楽曲が読み込まれたら、⏏をクリックして1、音楽CDを取り出します。

5 楽曲を再生する

取り込んだ楽曲をダブルクリックすると1、楽曲が再生されます。

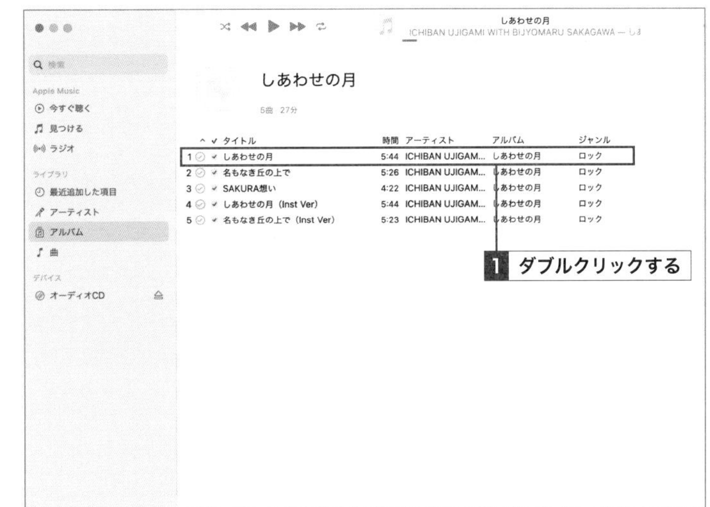

Step Up 読み込み時の音質を変更するには

「ミュージック」アプリでは、音楽CDから読み込まれる際のビットレートや音質を設定することができます。「ミュージック」アプリの＜環境設定＞画面を開き、＜ファイル＞→＜読み込み設定＞の順にクリックし、読み込み方法などを変更します。汎用的なMP3形式なども選択できます。

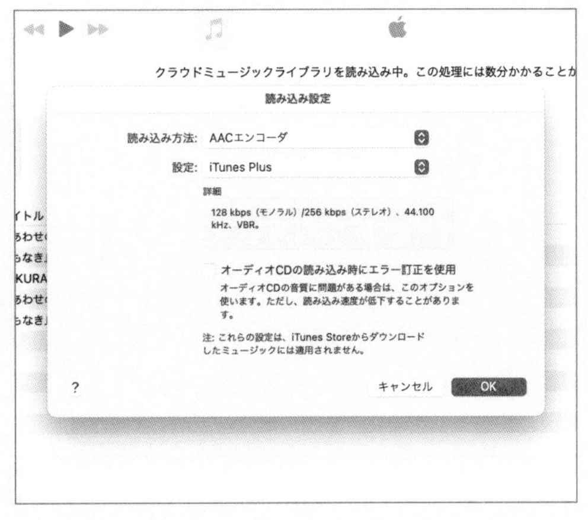

楽曲を整理しよう

▼覚えておきたいキーワード
プレイリスト
お気に入り
再生順

「ミュージック」アプリは、音楽を再生する順番をリスト化できる「プレイリスト」機能があります。自分で好きな楽曲を選びプレイリストを作ることで、お気に入りの楽曲をより楽しむことができます。

1 新規プレイリストを作る

1 新規プレイリストを作成する

＜ファイル＞メニューをクリックし1、＜新規＞→＜プレイリスト＞の順にクリックします2。

2 プレイリストが作成される

プレイリストが表示されるので1、名前を入力して2、return キーを押します。

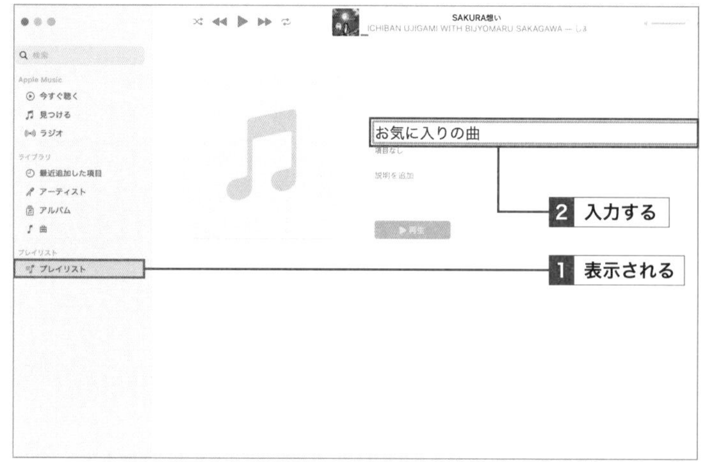

3 プレイリストに楽曲をドラッグする

ライブラリから曲を選択し、作成したプレイリストにドラッグ&ドロップします1。

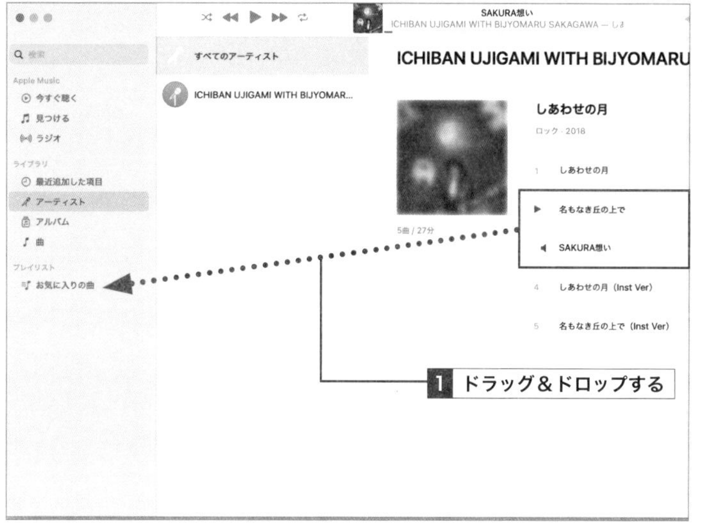

4 プレイリストに楽曲が追加される

楽曲がプレイリストに追加されます1。この作業を繰り返してオリジナルのプレイリストを作成します。

5 再生順を変える

プレイリストをクリックすると1、プレイリストの一覧が表示されます。楽曲は上から順に再生されるので、ドラッグ&ドロップすることで順番を入れ替えることができます2。

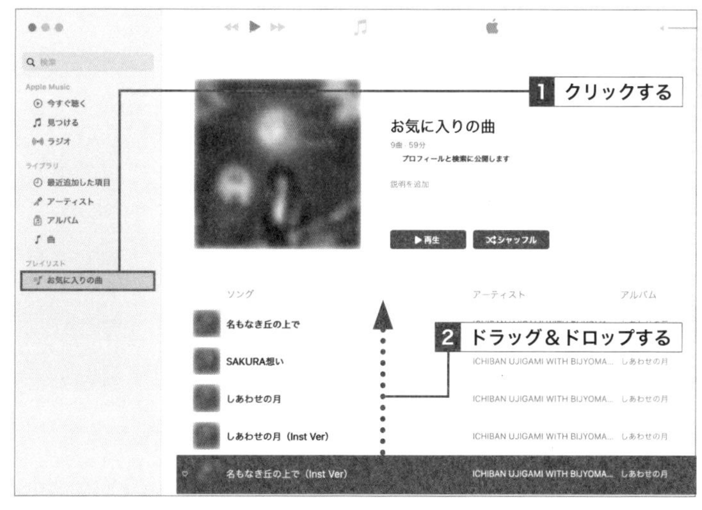

Section 51

iMovieの画面構成を知ろう

▼覚えておきたいキーワード
iMovie
ビデオカメラ
動画編集画面

「iMovie」を使えば、ビデオカメラで撮影した動画を編集することができます。動画をつなげたり、テロップを入れたりすることで本格的な動画が作成可能です。ここでは、iMovieの画面構成について説明します。

1 iMovieを起動する

1 iMovieを起動する

iMovieがインストールされていない場合は、Sec.64を参考にApp Storeからインストールします（無料）。Launchpadで＜iMovie＞アイコンをクリックします1。

2 iMovieが起動する

iMovieが起動します。初回起動時は＜続ける＞→＜はじめよう＞の順にクリックします1。

デバイスの許可

iMovieの初回起動時にデバイスの許可に関する画面が表示された場合は、＜許可＞などをクリックしてアクセスできるようにしてください。

3 iMovieの画面が表示される

iMovieの「プロジェクト」画面が表示されます。

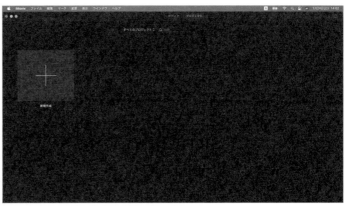

2 iMovieの各部名称

iMovieの動画編集画面の各部名称は以下の通りです。

❶プロジェクト	作成したプロジェクトを一覧表示します。
❷メディアライブラリ	メディアライブラリの表示／非表示を切り替えます。
❸メディアの読み込み	読み込むウインドウを表示します。
❹共有ボタン	作成したプロジェクトを保存したり友だちと共有するときに使います。
❺サイドバー	作成中のプロジェクトやイベントなどが表示されます。
❻メディアライブラリ	動画や写真などのコンテンツが表示されます。
❼プレビュー	選択したクリップをプレビュー表示するエリアです。プレビューを確認しながら編集作業を行います。
❽プロジェクトブラウザ	ブラウザクリップを配置し、動画を編集していくエリアです。

動画を読み込もう

▼覚えておきたいキーワード
読み込み先
クリップ
イベント

まずは、ビデオカメラなどで撮影した動画を読み込みましょう。読み込むには、USBケーブルでビデオカメラとMacBookを接続したり、SDカードからファイルをコピーしたりする必要があります。

1 ビデオカメラから動画を読み込む

1 ビデオカメラを接続する

iMovieを起動し、ビデオカメラをUSBケーブルで接続します。「読み込む」画面が表示され、ビデオカメラから動画の読み込みが始まります。

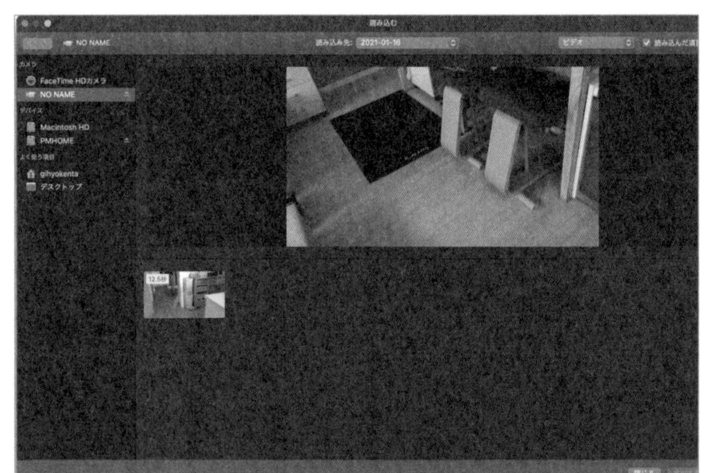

Memo 読み込みが始まらない場合

動画の読み込みが始まらない場合は、サイドバーから対象となるデバイスをクリックしましょう。また、「読み込む」画面が表示されない場合は、＜メディア＞をクリックし、＜ファイル＞メニュー→＜メディアを読み込む＞の順にクリックします。そのほか、ケーブルが正しく接続されているか、ビデオカメラが転送モードになっているかなども確認しましょう。

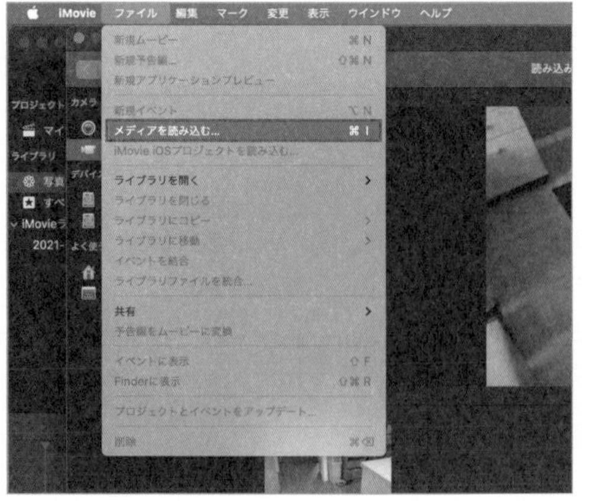

2 読み込むクリップを選ぶ

読み込みが完了し、サムネイルをクリックすると、動画をプレビューできます。内容などを確認し、読み込むクリップをクリックします1。

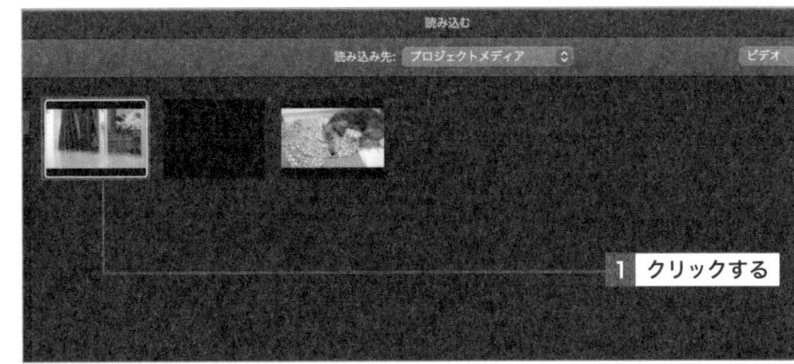

3 読み込み先を選ぶ

「読み込み先」の本日の日付が表示された項目をクリックし、＜新規イベント＞をクリックします1。

4 イベント名を入力する

イベント名を入力し1、＜OK＞をクリックします2。

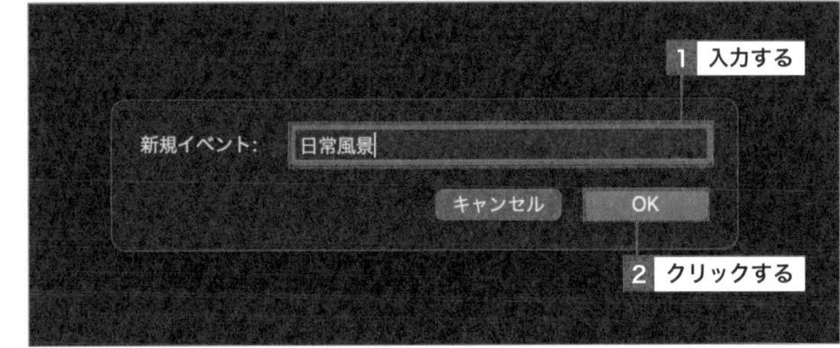

5 クリップを取り込む

＜選択した項目を取り込む＞をクリックすると1、クリップがイベントに保存されます。

Key Word クリップ

クリップとは、取り込んだ動画のファイルのことです。

イベント

イベントとは、クリップの保存先のことです。

動画を作成しよう

▼覚えておきたいキーワード
プロジェクト
マイムービー
プロジェクトブラウザ

読み込んだ動画ファイル（クリップ）を編集して動画を作成しましょう。動画を作成するには、プロジェクトを作って、そのなかでクリップをつなぎ合わせていきます。

1 プロジェクトを作成する

1 プロジェクトを作成する

<プロジェクト>をクリックします1。

2 ムービーを追加する

プロジェクト画面が表示されるので、<＋>をクリックし1、<ムービー>をクリックします2。

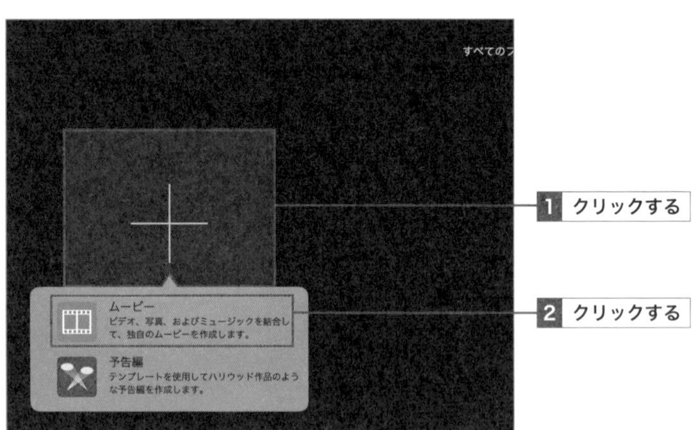

Key Word **プロジェクト**

プロジェクトとは、作成する動画を含めたファイル全体のことです。

3 プロジェクトが作成される

ここでは、「マイムービー」という名前のプロジェクトが作成されます1。

2 プロジェクト名を変更する

1 プロジェクト名をクリックする

＜プロジェクト＞をクリックします1。

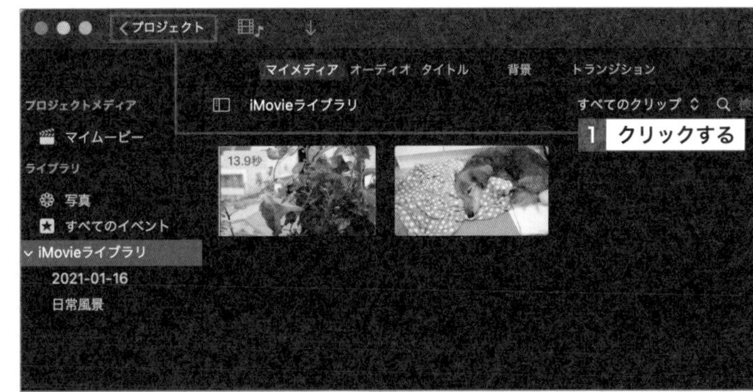

2 名前を入力する

プロジェクト名を入力し1、＜OK＞をクリックします2。

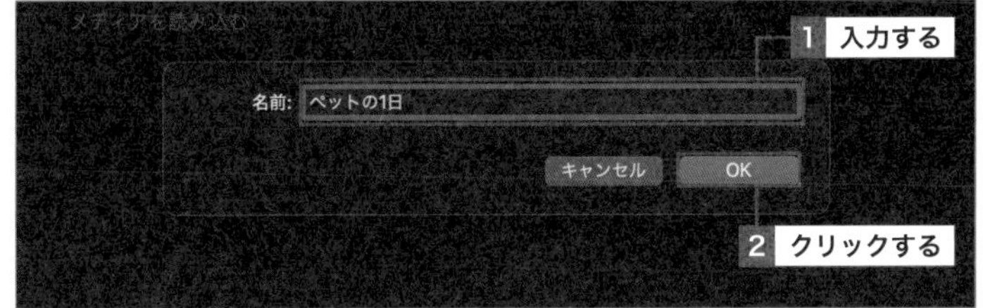

3 プロジェクトを選択する

プロジェクト画面が表示されるので、名前を変更したプロジェクトをダブルクリックします1。

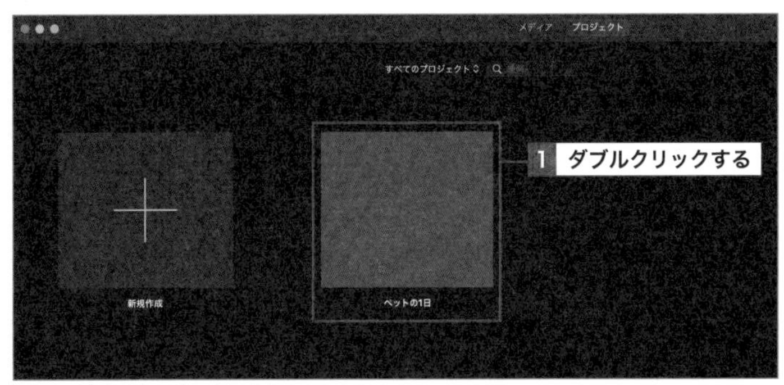

3 クリップを選択する

1 クリップをクリックする

Sec.52で動画を取り込んだイベント名をクリックし**1**、クリップをクリックします**2**。

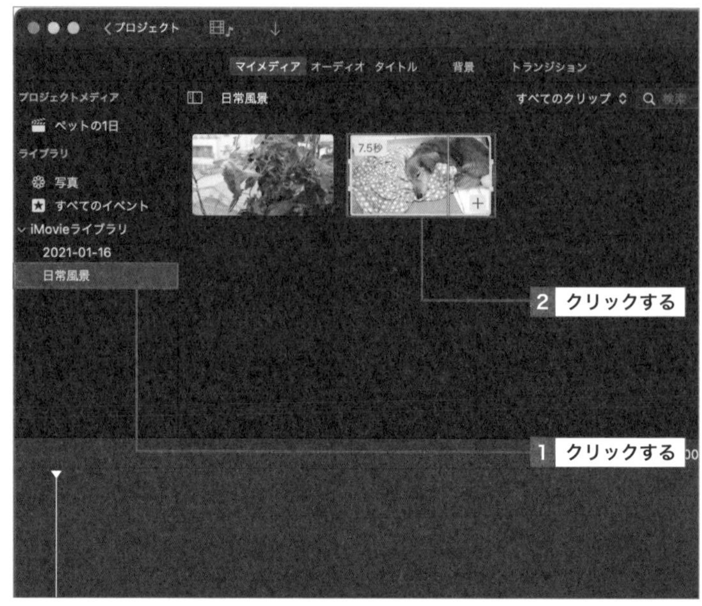

2 クリップをドラッグする

左右の黄色い枠をドラッグして再生範囲を指定します**1**。

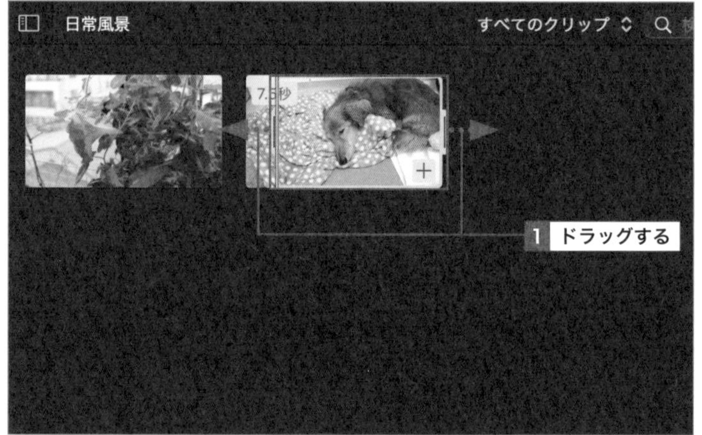

3 <＋>をクリックする

<＋>をクリックします**1**。

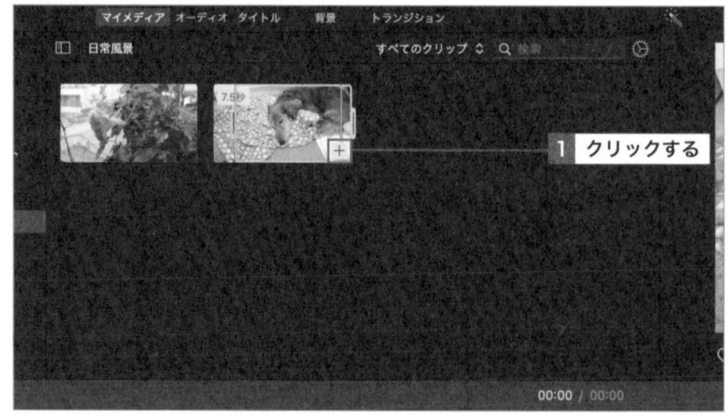

4 クリップが追加される

プロジェクトブラウザにクリップが追加されます1。

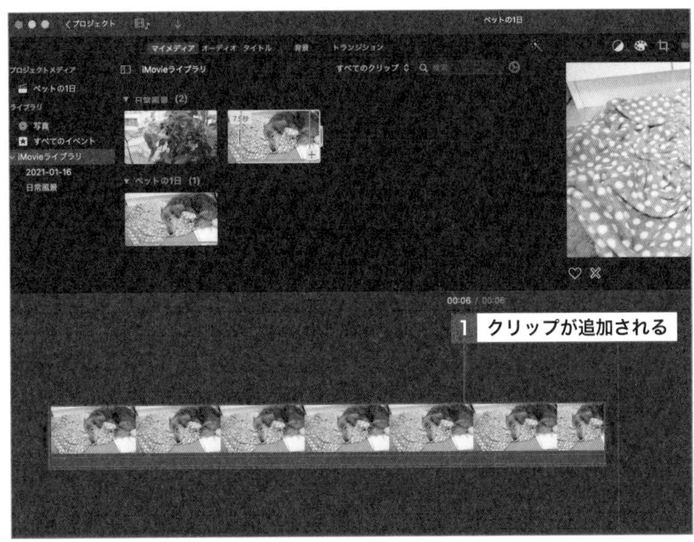

5 クリップを追加していく

同様にして、再生する順にクリップを追加していきます1。追加したクリップはドラッグ&ドロップで移動することができます。マウスポインタをクリップに合わせると、右上のプレビューで再生画面を確認することができます2。

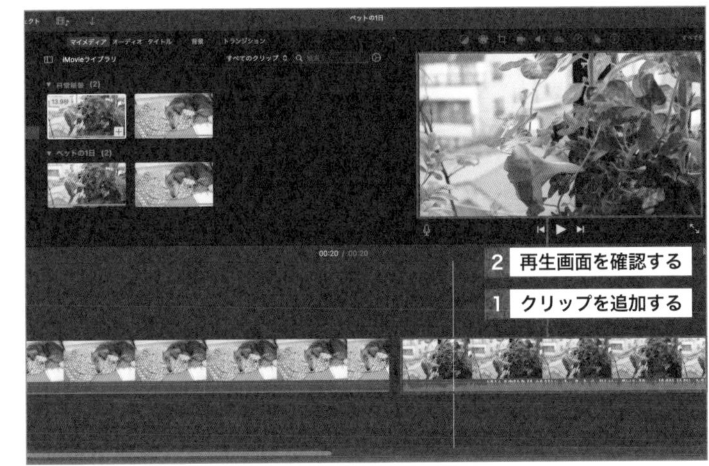

Key Word プロジェクトブラウザ

プロジェクトブラウザとは、動画を作成するための作業領域のことです。プロジェクトブラウザに配置された順に動画が再生されます。このとき、プロジェクトブラウザを2本指で左右に動かすと、クリップの表示範囲をスクロールすることができます。

Memo プロジェクトブラウザでの再生範囲変更

プロジェクトブラウザに移動した後でも、クリップの左右をドラッグすることで再生位置を変更することができます。微調整をする場合、プロジェクトブラウザ内で操作したほうがよいでしょう。

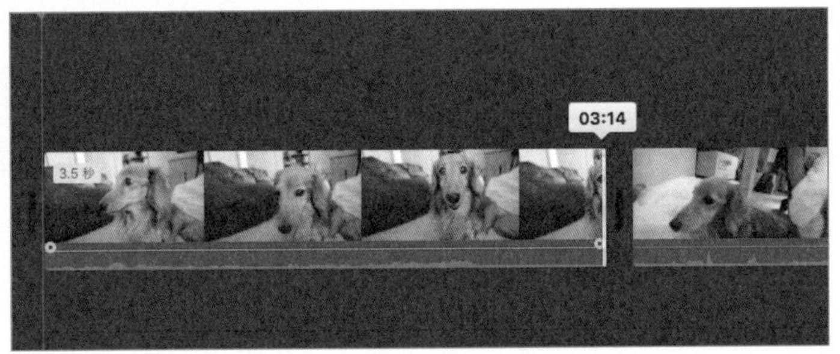

Section 54

動画にテロップや効果を加えよう

▼覚えておきたいキーワード
プロジェクトブラウザ
テロップ
トランジション

続いて、テロップや効果を加えて動画を仕上げていきましょう。動画に合わせたテロップを追加したり、場面転換にトランジションを設定したりするだけで、かなり本格的な動画ができあがります。

1 タイトルを追加する

1 タイトルをクリックする

<タイトル>をクリックし**1**、タイトルにしたい項目（ここでは<Split>）をクリックします**2**。

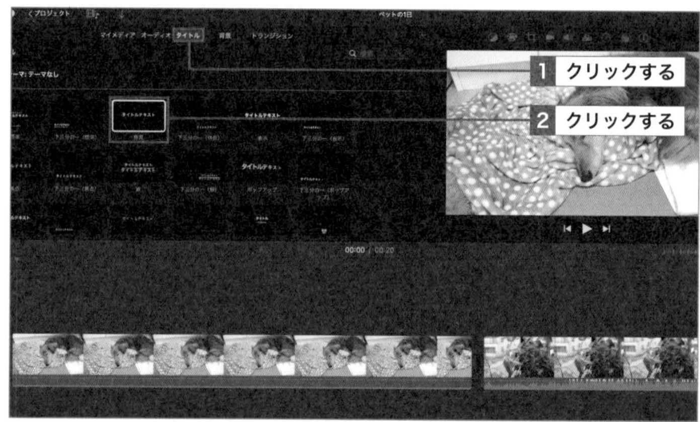

2 プロジェクトブラウザにドラッグ＆ドロップする

プロジェクトブラウザのクリップの先頭部分に選択したタイトルをドラッグ&ドロップします**1**。プレビューにタイトルが表示されるので、クリックして入力し return キーを押します**2**。

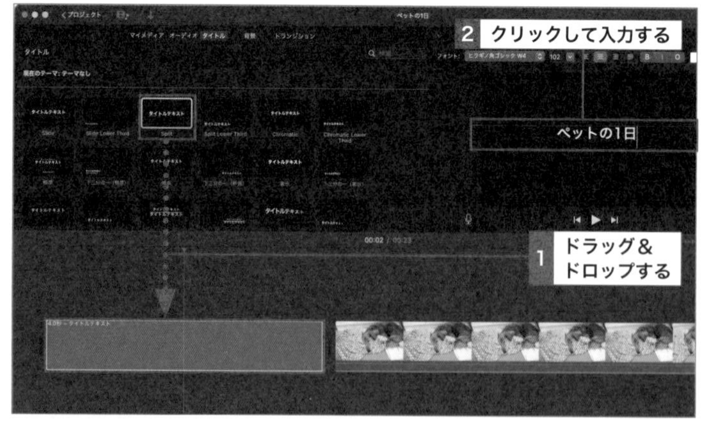

エンドロールの作成

タイトルの一覧にある<エンドロール>を使えば、映画の最後に表示されるエンドロールをかんたんに作成できます。

2 動画にテロップを追加する

1 テロップのレイアウトを選ぶ

<タイトル>をクリックし**1**、テロップにしたいレイアウト(ここでは<下三分の一(引力)>)をクリックします**2**。

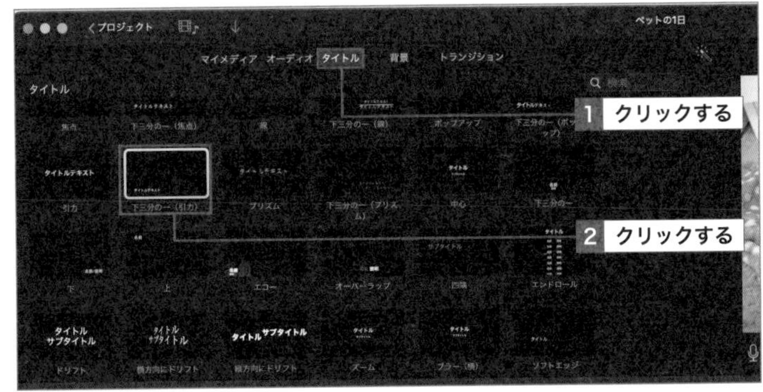

2 プロジェクトブラウザにドラッグ&ドロップする

テロップを適用したい場面に選択したレイアウトをドラッグ&ドロップします**1**。

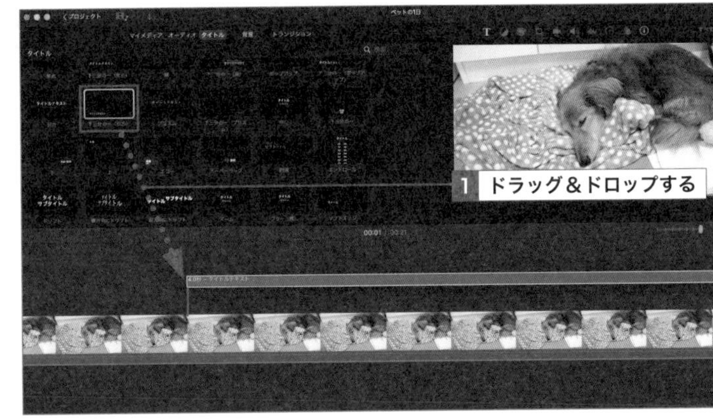

3 テロップを入力する

プレビューにテロップが表示されるので、クリックして入力し[return]キーを押します**1**。

Memo タイトルやテロップの表示秒数変更

クリップ上のタイトルやテロップの青枠をクリックし、表示される黄色い枠をドラッグすることで表示秒数の変更が行えます。

3 場面転換に使うトランジションを追加する

1 トランジションを選ぶ

<トランジション>をクリックし1、場面転換に使いたい項目(ここでは<スワップ>)をクリックします2。

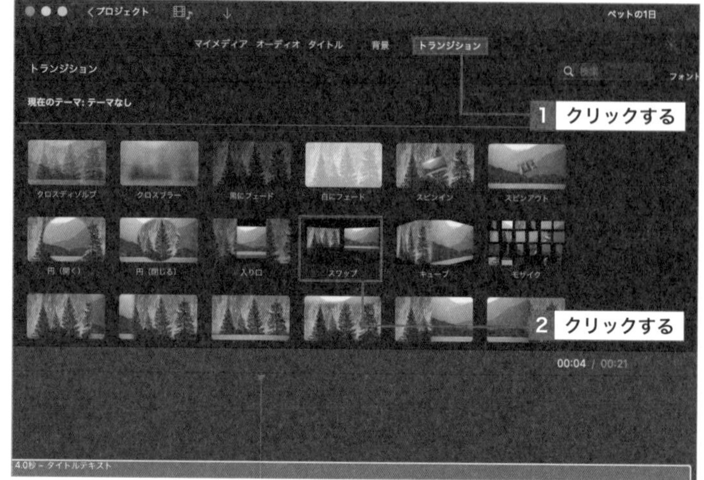

2 トランジションをドラッグ&ドロップする

プロジェクトブラウザのクリップとクリップの間にドラッグ&ドロップします1。

3 トランジションの秒数を変更する

トランジションをダブルクリックし1、トランジションの秒数を入力して2、<適用>をクリックします3。

4 トランジションの動作を確認する

1 トランジションをクリックする

動作を確認したいトランジションの項目(ここでは<円(開く)>)をクリックします1。

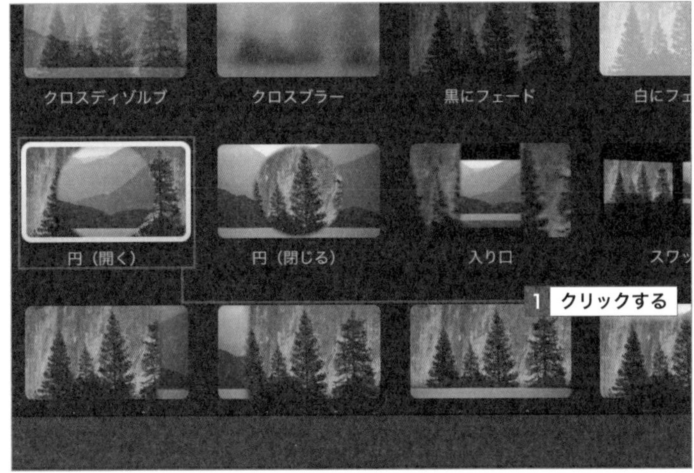

2 アイコンの再生位置を変更する

再生ヘッドの位置をマウスポインタを合わせて左右に動かすと1、アイコンやプレビューで動作が確認できます。

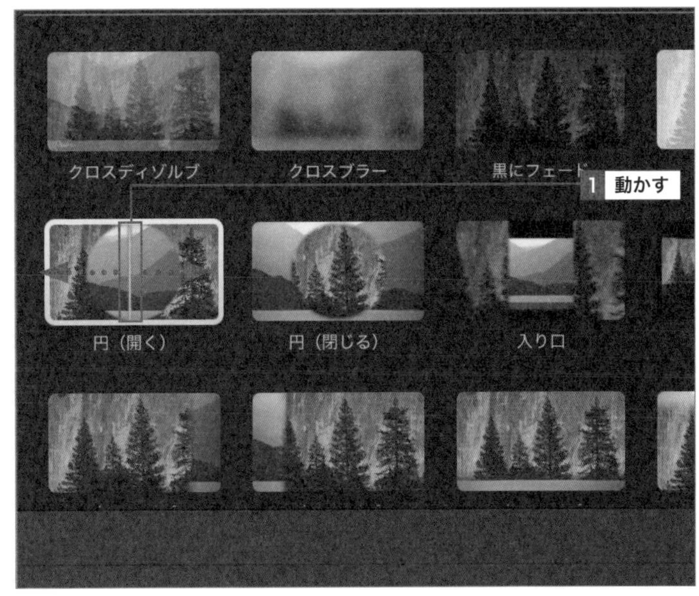

Memo プロジェクトブラウザをドラッグしてプレビューで確認

プロジェクトブラウザ内にマウスポインタを移動すると、マウスポインタの先に縦の線が表示されます。これを左右に動かすことで、その場面がプレビューに表示されます。タイトルやトランジションなども表示されます。

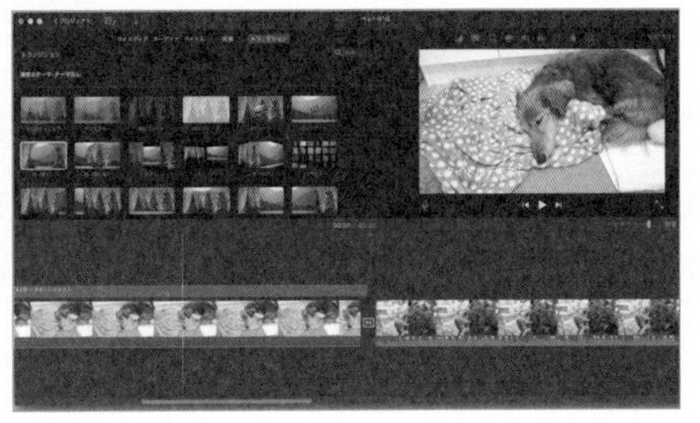

Section

55 動画を書き出そう

▼覚えておきたいキーワード
書き出し
共有
動画再生アプリ

iMovieで動画を作成したら、動画を書き出してみましょう。動画を書き出すことで、動画再生アプリなどで再生できるようになります。また、友だちに送って、楽しむこともできます。

1 ファイルに書き出す

1 共有をクリックする

動画を作成し、をクリックします1。

2 ファイルをクリックする

共有方法がいくつか表示されます。ここでは＜ファイルを書き出す＞をクリックします1。

3 ファイル名などを入力する

＜次へ＞をクリックし1、ファイル名を入力して2、＜保存＞をクリックします3。動画の作成には時間がかかるので、通知が表示されるまで待ちましょう。

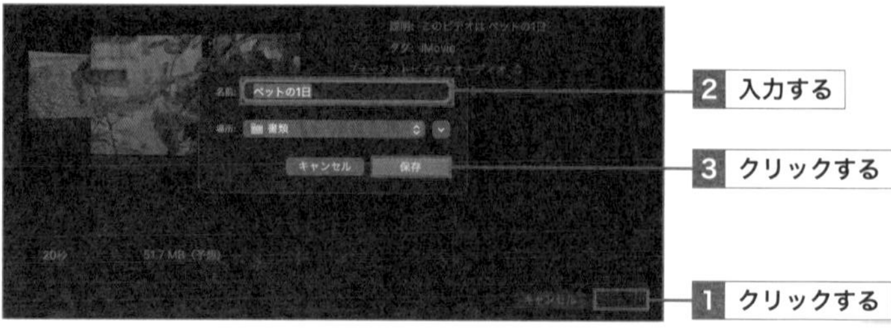

Chapter 05

第5章

アプリケーションを活用する

マップで目的地の経路を検索しよう

▼覚えておきたいキーワード
マップ
地図
経路

「マップ」アプリでは、地図を表示するほか、目的地までの徒歩や車での経路を検索することができます。なお、「マップ」アプリの利用には、インターネット接続が必要となります。

1 地図を表示する

1 <マップ>アイコンをクリックする

Dockの<マップ>アイコンをクリックします1。

2 位置情報を利用する

このようなダイアログが表示されたら<OK>をクリックします1。Wi-Fiのアクセスポイントなどの情報からだいたいの現在位置を割り出すことができます。

3 マップが表示される

「マップ」アプリが起動して地図が表示されます。

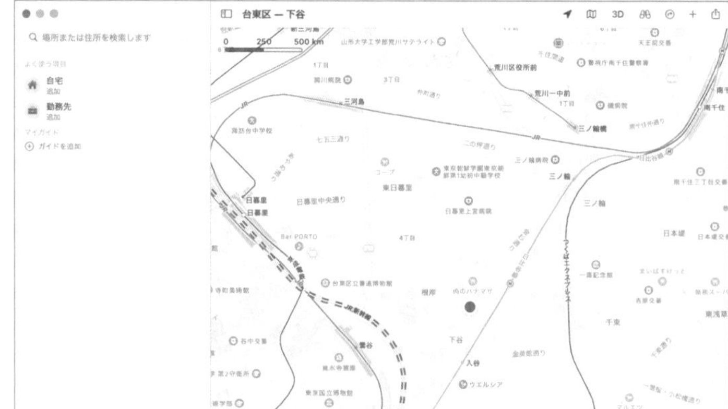

現在地の表示

画面右上の をクリックすると、現在地周辺の地図が表示されます。

2 地図の表示を切り替える

1 地図を移動する

トラックパッドを2本指でスワイプすると地図を移動することができます1。また、ピンチ操作で地図の拡大／縮小も可能です2。

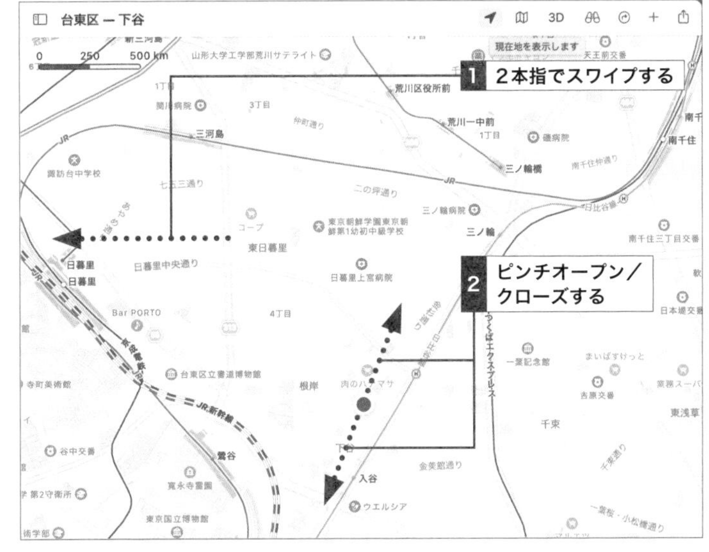

2 航空写真を表示する

→＜航空写真＞をクリックすると1、上空から撮影した航空写真が表示されます。もとに戻すには＜デフォルト＞をクリックします2。

3 3D地図を表示する

航空写真を拡大して表示した状態で3Dをクリックすると1、建物などが3Dで表示されます。

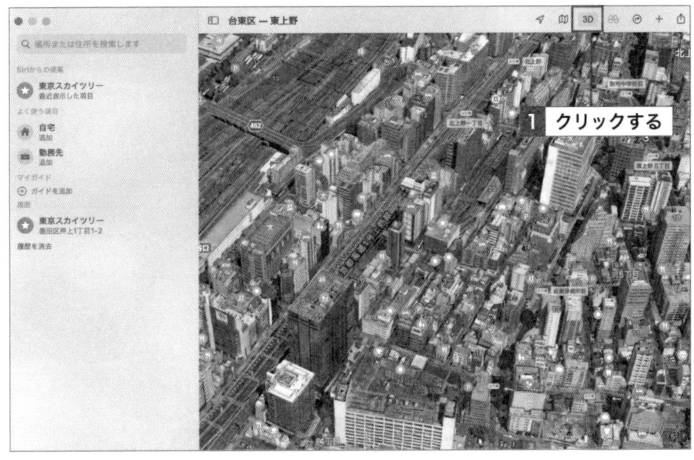

3 目的地を表示する

1 目的地を入力する

検索ボックスに表示したい目的地（地名や施設名、住所など）を入力すると❶、検索候補が表示されるので、表示したい候補をクリックして選択します❷。

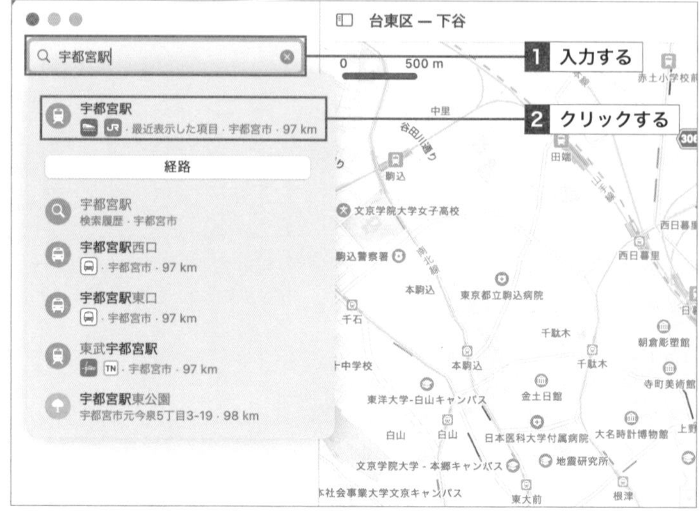

2 目的地が表示される

選択した場所が表示されます。施設の情報が表示されている場合は、スクロールすることで住所などの詳細な情報や写真などが表示されます。

Memo Look Around

画面右上の がクリックできる場合、クリックすると指定した地点の実際の風景を確認できる画面が表示されます。風景上を2本指でスワイプすると、風景を360度回して確認することができます。

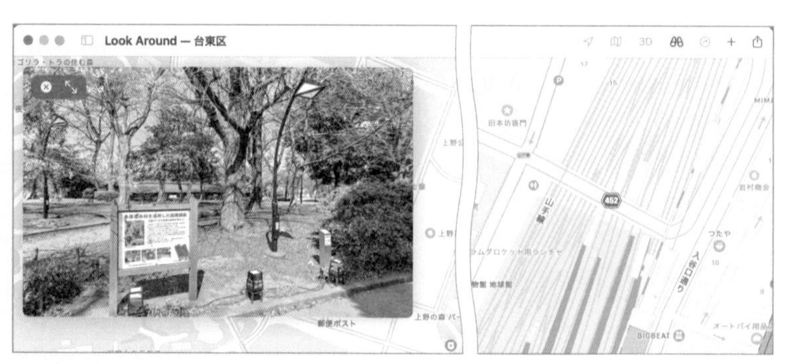

4 経路を検索する

1 経路をクリックする

をクリックし1、表示されるウインドウに出発する場所と到着する場所を入力します2。ここでは、「出発」を現在地、「到着」を「宇都宮駅」に設定しています。

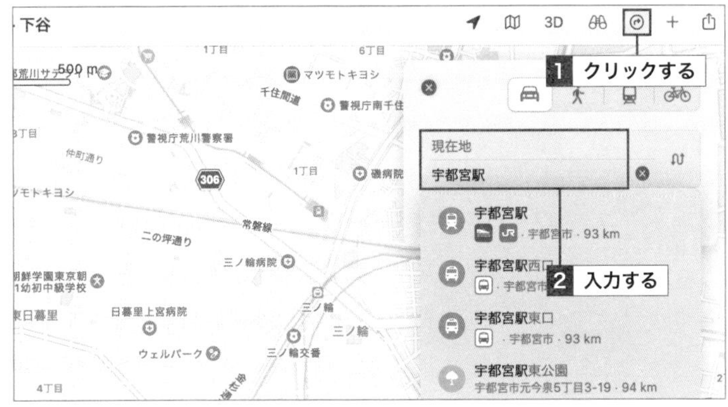

2 移動方法を選ぶ

移動手段として＜車＞、＜徒歩＞、＜交通機関＞、＜自転車＞のいずれかをクリックすると1、目的地までの経路が表示されます。

3 交通機関を選ぶ

＜交通機関＞をクリックすると1、電車などの公共交通機関を使った経路が表示検索されます。乗り換え方法や交通費も表示されます。出発時間や到着時間を指定することもできます。

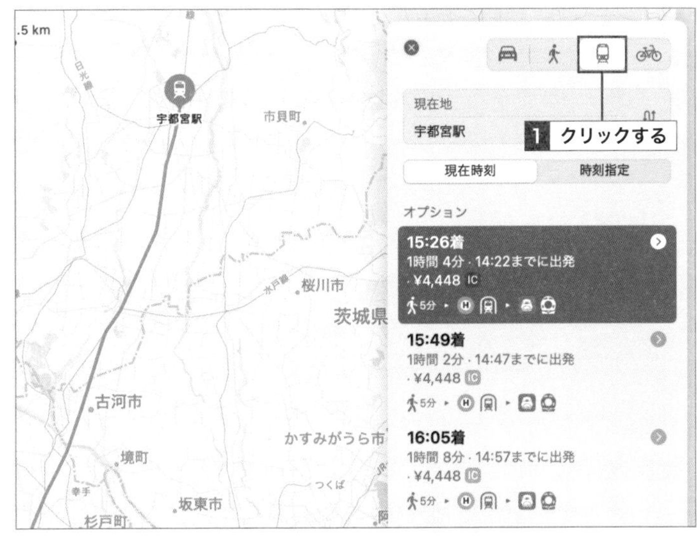

Section 57

カレンダーで予定を管理しよう

▼覚えておきたいキーワード
カレンダー
イベント
表示方法

「カレンダー」アプリを使えば、仕事やプライベートの予定を管理することができます。カレンダーでは、予定を「イベント」とよび、開始／終了時刻のほか、場所や通知時間などの情報を登録できます。

1 「カレンダー」アプリを起動する

1 ＜カレンダー＞アイコンをクリックする

Dockの＜カレンダー＞アイコンをクリックします1。

2 「カレンダー」アプリが起動する

初回起動時はアプリケーションの説明が表示されるので、＜続ける＞をクリックします。「カレンダー」アプリが起動します。

2 イベントを追加する

1 新規イベントを追加する

<＋>をクリックし1、追加するイベント名を入力して2、return キーを押します。このとき、「2月2日打ち合わせ」のようにイベント名と日時や場所を文章で入力して登録することができます。

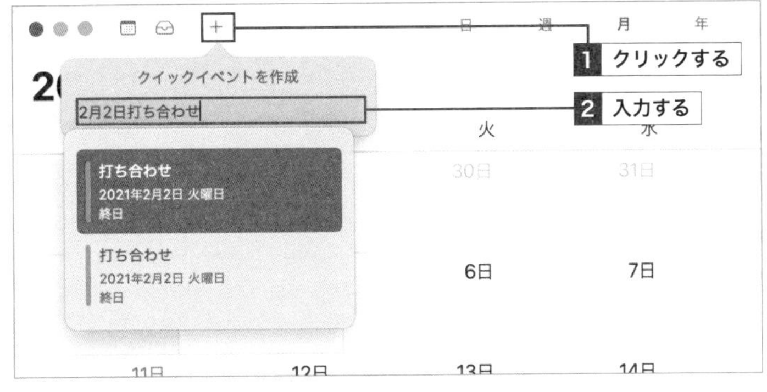

2 登録内容を修正する

イベントが追加されます。内容が異なっている場合は、クリックして修正します1。

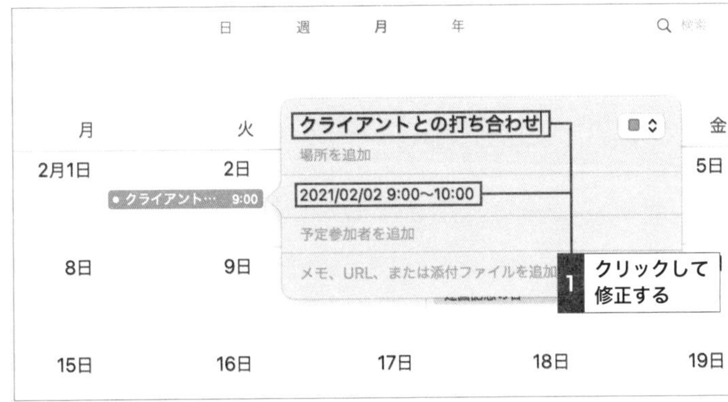

3 登録内容を確定する

return キーを押すと登録内容が確定します1。

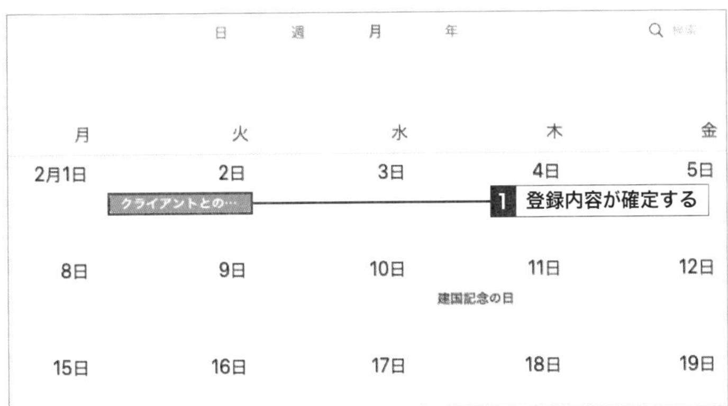

Memo 表示方法を変更する

<日>、<週>、<月>、<年>をクリックすると1、日表示や週間表示、月表示、年間表示に切り替えることができます。

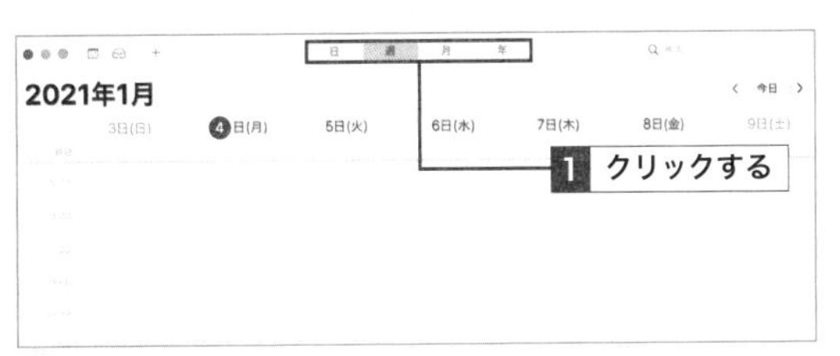

Section 58

連絡先に友だちのアドレスを登録しよう

▼覚えておきたいキーワード
連絡先
メールアドレス
登録項目

「連絡先」アプリでは、個人のメールアドレスや電話番号などを登録することができます。個人や会社などのグループごとにわけたり、「メール」アプリなどから連絡先を参照したりすることも可能です。

1 「連絡先」アプリを起動する

1 ＜連絡先＞アイコンをクリックする

Dockの＜連絡先＞アイコンをクリックします1。

2 「連絡先」アプリが起動する

「連絡先」アプリが起動します。

Memo **連絡先の情報は他のアプリケーションでも利用できる**

連絡先に登録した情報は、「メール」アプリや「メッセージ」アプリで利用できます。よく使う相手の情報は「連絡先」アプリに登録しておくと便利です。

2 連絡先を登録する

1 連絡先を登録する

<＋>をクリックし1、<新規連絡先>をクリックします2。

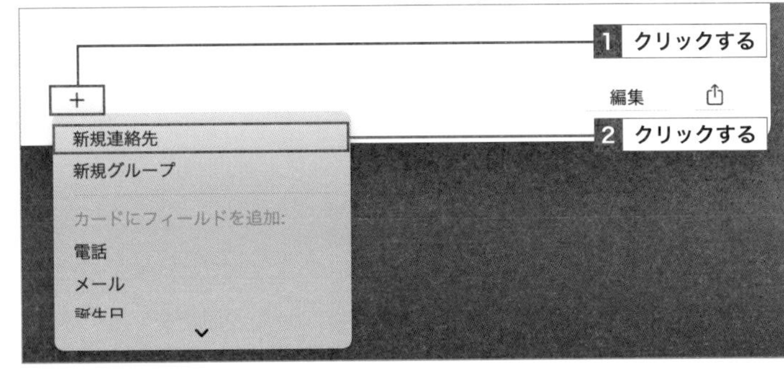

2 必要な項目を入力する

名前や電話番号、メールアドレスなど必要な項目を入力します1。メールアドレスと電話番号は複数入力することもできます。

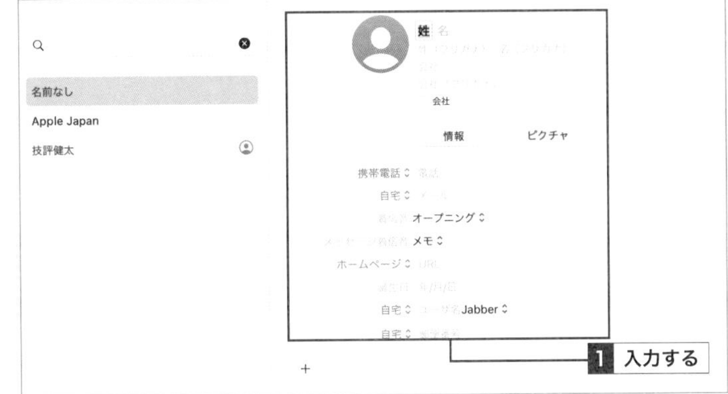

3 内容を確認して保存する

入力した内容を確認したら、<完了>をクリックします1。

Memo 登録する項目の変更

連絡先の登録項目は、クリックすることで変更できます。たとえば、<携帯電話>をクリックすると、<iPhone>や<勤務先>などが選択できます。

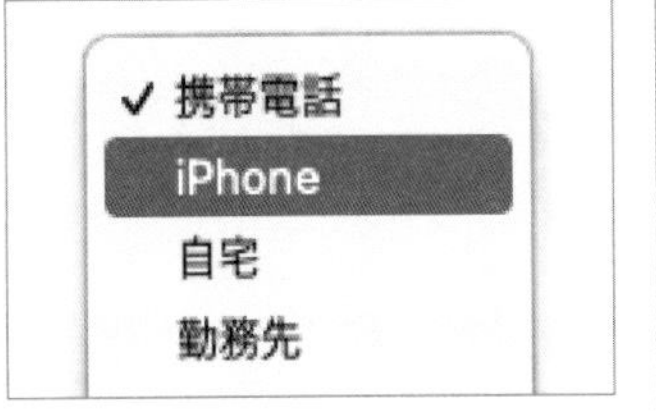

Section 59

リマインダーで大事な予定を通知しよう

▼覚えておきたいキーワード
リマインダー
通知
位置情報

忘れたくない予定や事柄を「リマインダー」アプリに登録することで、指定時間に通知することができます。また、場所を指定すれば、その場所に近づく／遠ざかることで通知することも可能です。

1 「リマインダー」アプリを起動する

1 <リマインダー>アイコンをクリックする

Dockの<リマインダー>アイコンをクリックします1。

2 「リマインダー」アプリが起動する

「リマインダー」アプリが起動します。<リマインダー>をクリックします1。

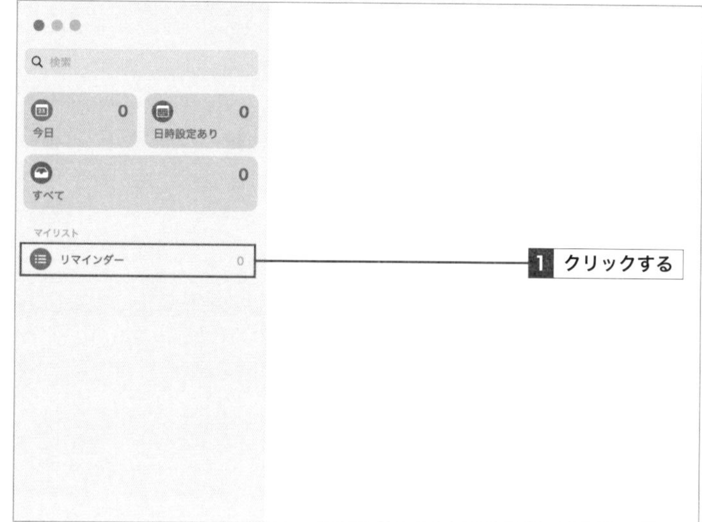

2 リマインダーを登録する

1 リマインダーを登録する

＜＋＞をクリックし1、通知したい内容を入力します2。

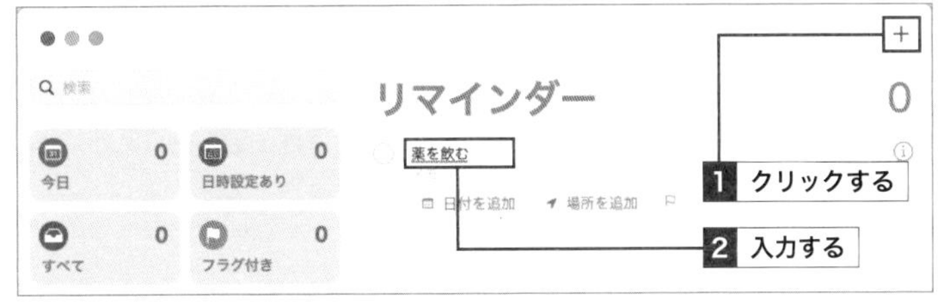

2 通知する日付を設定する

＜日付を追加＞をクリックし1、通知する日付を設定します2。

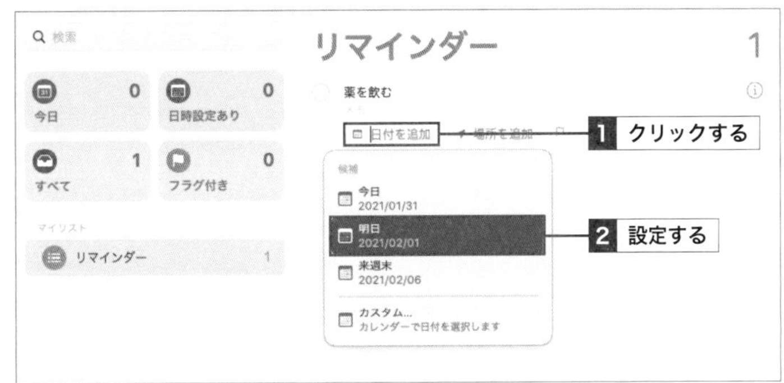

3 通知する時刻を設定する

右横に表示される＜時刻を追加＞をクリックし、通知する時刻を設定すると1、設定した日時にリマインダーが通知されます。

Memo 場所での通知や繰り返しの通知

リマインダーはiPhoneと同期して使うこともできます。場所での通知設定も行えるため、GPSの位置情報を利用して、駅に近づいたらリマインダーで通知するということも可能です。また、登録したリマインダーをダブルクリックして表示される画面で＜繰り返し＞をクリックすることで、毎日や毎週などの繰り返しの通知も可能です。

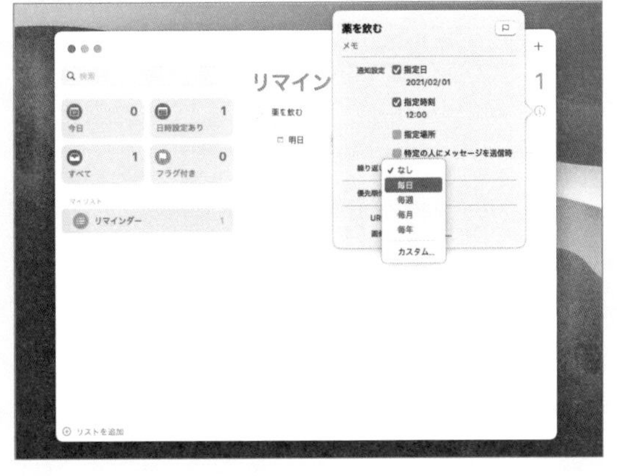

辞書でわからない言葉を調べよう

▼覚えておきたいキーワード
辞書
英和／和英
Wikipedia

「辞書」アプリでは、難しい言葉や英語などの意味をかんたんに調べることができます。辞書は、日本語辞書、英和／和英辞書、Apple用語辞典、WIkipediaで調べることができます。

1 「辞書」アプリを起動する

1 <辞書>アイコンをクリックする

Launchpadを表示し、<辞書>アイコンをクリックします1。

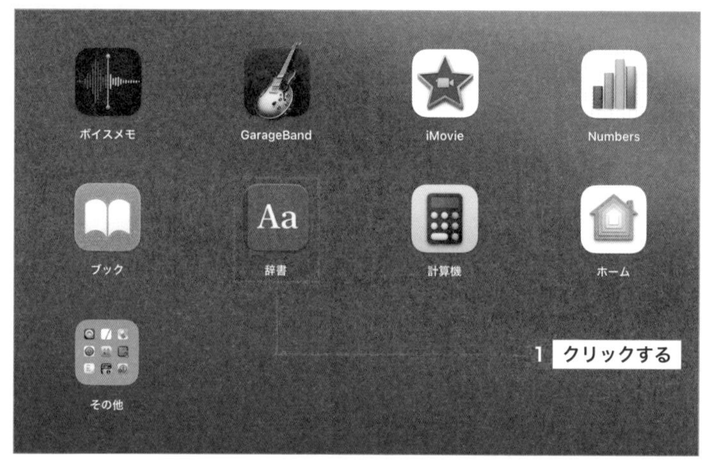

2 辞書アプリが起動する

「辞書」アプリが起動します。

2 わからない言葉を調べる

1 検索フィールドに入力する

検索フィールドに調べたい単語を入力し1、<国語辞典>をクリックすると2、国語辞典での意味が表示されます。

2 英単語の意味を調べる

検索フィールドに英単語を入力し1、<英和／和英辞典>をクリックすると2、英単語の意味が表示されます。

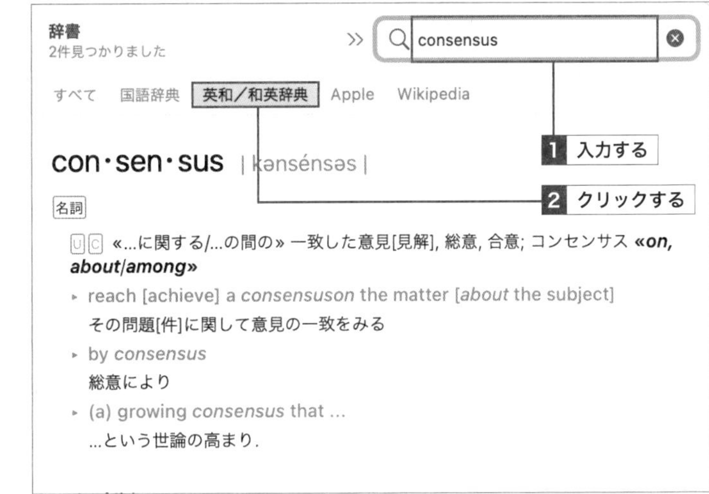

3 Wikipediaで調べる

検索フィールドに単語を入力し1、<Wikipedia>をクリックすると2、Wikipediaでの検索結果が表示されます。

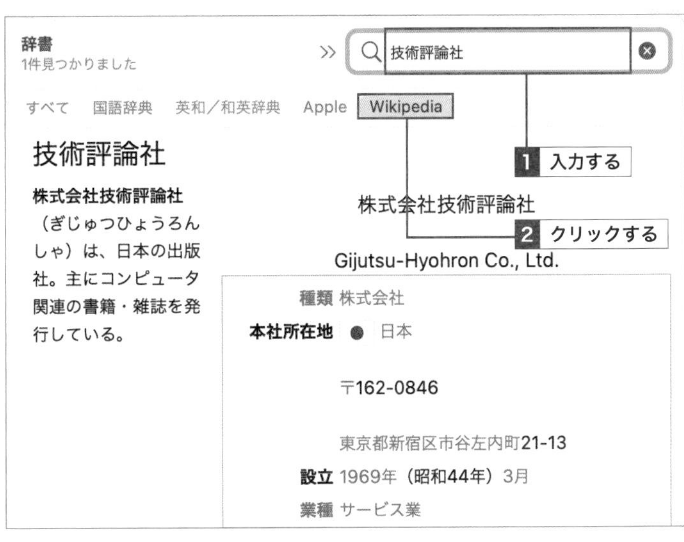

Pagesで文書を作成しよう

▼覚えておきたいキーワード
Pages
文書作成
レイアウト

MacBookでは、Apple製のオフィスアプリケーションを利用できます。そのうちの1つの文書作成アプリケーションが「Pages」です。かんたんな作業で見栄えのよい文書を作成することができます。

1 Pagesを起動する

1 <Pages>アイコンをクリックする

Launchpadを表示し、<Pages>アイコンをクリックします1。Pagesがない場合は、Sec.64を参考にApp Storeからダウンロードします(無料)。

2 Pagesが起動する

Pagesが起動し、テンプレートを選択する画面が表示されます。ここでは、<空白>をクリックします1。

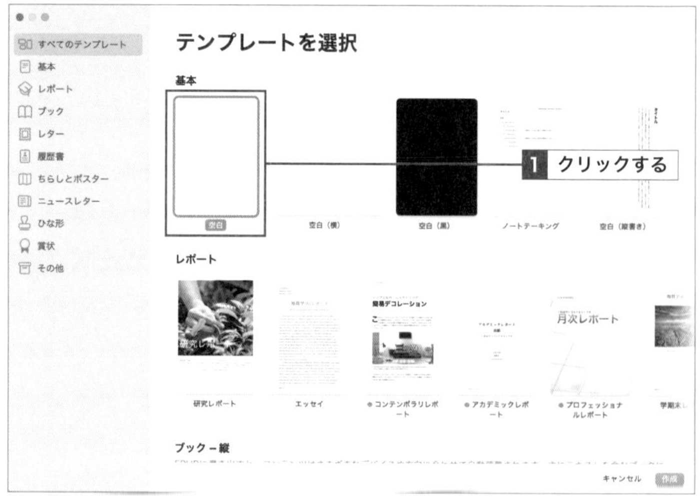

2 文書を作成する

1 テキストを入力する

新規文書が表示されます。カーソルの位置に文章を入力することができます。

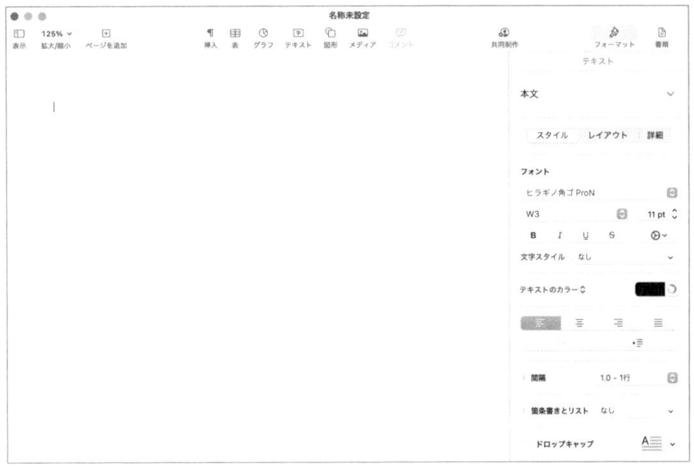

2 レイアウトを変える

入力した文字を選択し1、画面右のサイドバーで<本文>→<タイトル>のようにクリックすることで2、文字のスタイルやレイアウトを変更することができます。

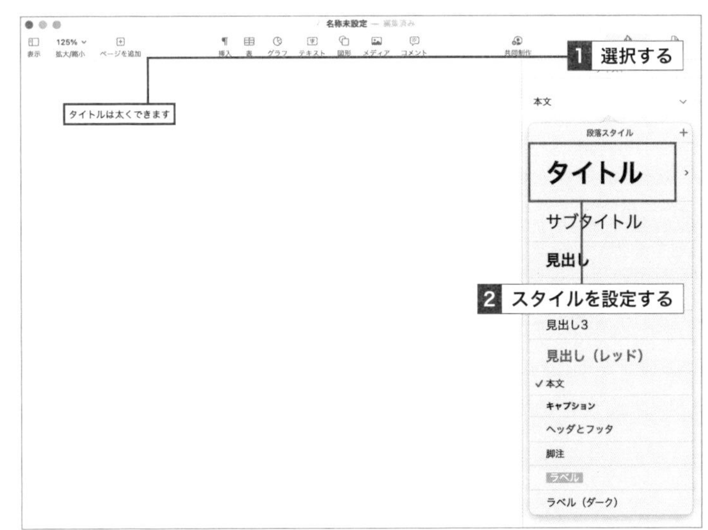

3 保存する

<ファイル>メニューをクリックし1、<保存>をクリックすると2、文書を保存することができます。

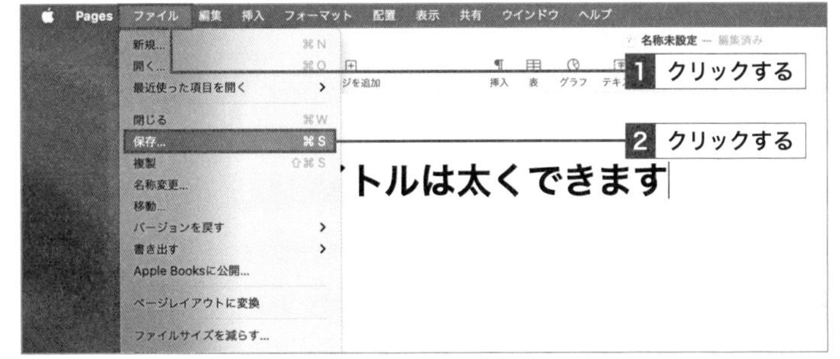

Hint Word形式への書き出し

<ファイル>メニューをクリックして<書き出す>をクリックすると、Word形式やPDF形式への書き出しが行えます。

Numbersで表計算しよう

▼覚えておきたいキーワード
Numbers
表計算
集計

オフィスアプリケーションの表計算に相当するのが「Numbers」です。表を作ったり、計算したり、グラフを作成したりすることができます。レイアウトもかんたんに変更できるので、きれいな表を作るのに向いています。

1 Numbersを起動する

1 <Numbers>アイコンをクリックする

Launchpadを表示し、<Numbers>アイコンをクリックします1。Numbersがない場合は、Sec.64を参考にApp Storeからダウンロードします（無料）。

2 Numbersが起動する

Numbersが起動し、テンプレートを選択する画面が表示されます。ここでは、<空白>をクリックします1。

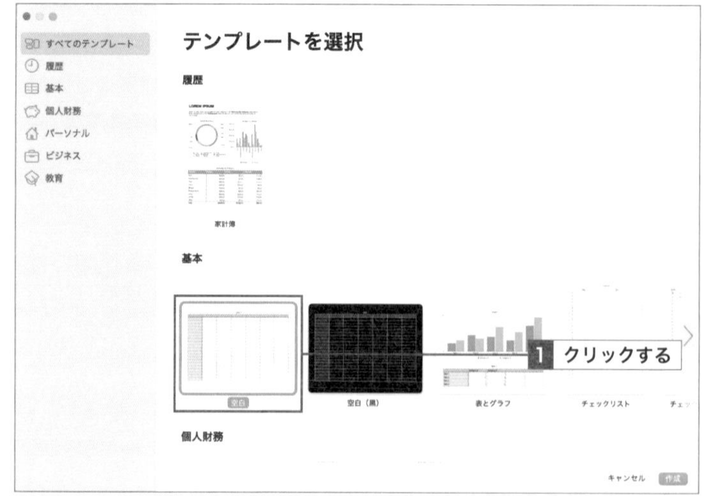

2 表を作成する

1 表を開く

表が開くので、項目や値を入力していきます❶。

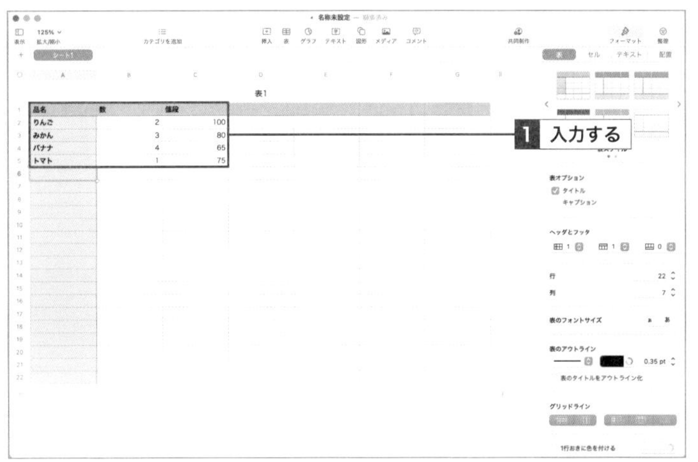

2 合計や平均の計算をする

⊞をクリックすると❶、表や列の合計や平均などを計算することができます。

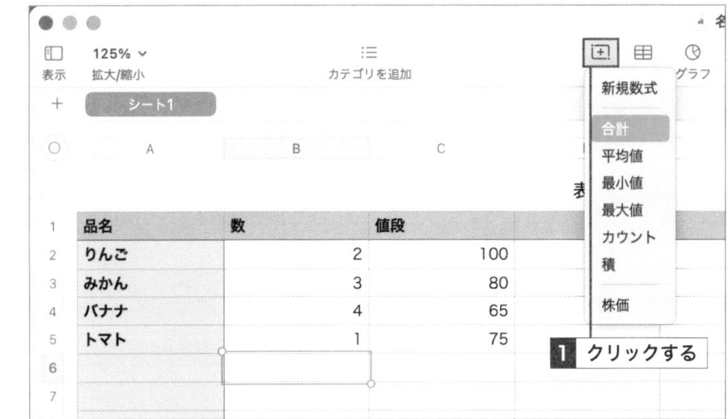

3 スタイルを変更する

<フォーマット>をクリックし❶、変更したい表スタイルをクリックすると❷、表のスタイルを変更できます。

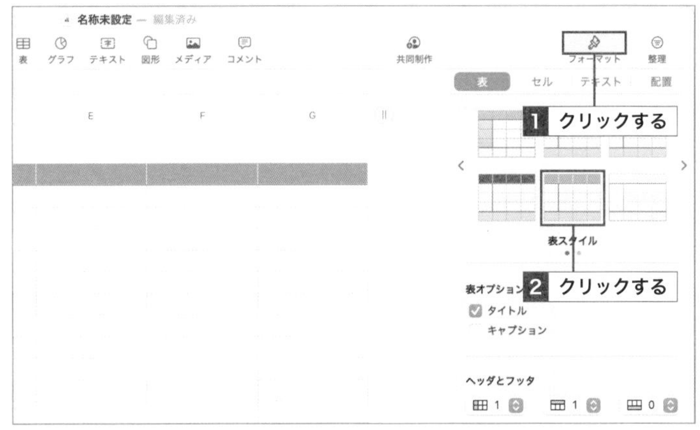

Hint グラフの作成

<グラフ>をクリックすれば、かんたんにグラフを作成できます。棒グラフや円グラフなども作成できます。

Keynoteでプレゼンテーションを作成しよう

▼覚えておきたいキーワード
Keynote
プレゼンテーション
スライドショー

MacBookでプレゼンテーションを作成するには「Keynote」を使います。図やテキストを入れたプレゼンテーションをかんたんに作成できます。ここではKeynoteの使い方を紹介します。

1 Keynoteを起動する

1 ＜Keynote＞アイコンをクリックする

Launchpadを表示し、＜Keynote＞アイコンをクリックします1。Keynoteがない場合は、Sec.64を参考にApp Storeからダウンロードします（無料）。

2 Keynoteが起動する

Keynoteが起動し、テンプレートを選択する画面が表示されます。ここでは、＜ベーシックホワイト＞をクリックします1。

2 プレゼンテーションを作成する

1 タイトルなどを入力する

テンプレートに沿って、タイトルや項目などを入力していきます。

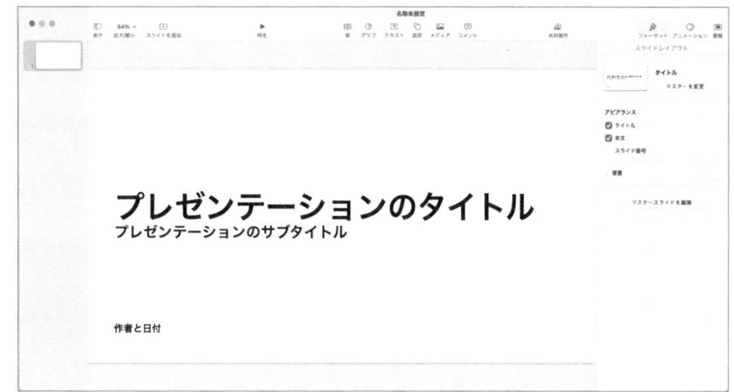

2 スライドを追加する

<スライドを追加>をクリックすると❶、スライドを追加することができます。プレゼン内容に合わせたレイアウトのスライドが選択できます。

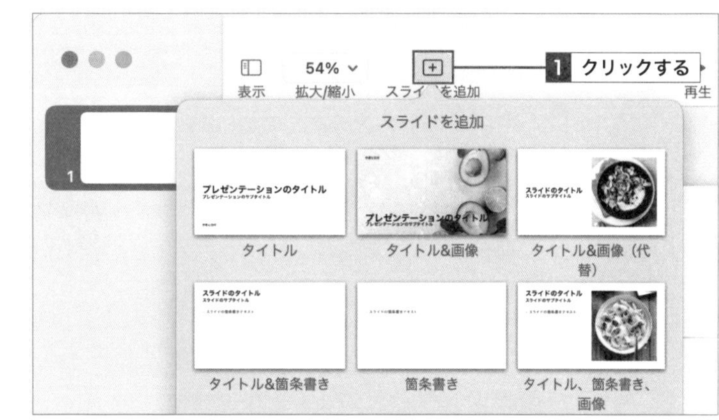

3 スライドショーを再生する

プレゼンテーションが作成できたら、<再生>メニューをクリックし❶、<スライドショーを再生>をクリックすると❷、プレゼンテーションが開始します。

Hint 写真や図などの挿入

テキストの入力だけでなく、<挿入>メニューから、写真や図などを挿入することもできます。

Section 64

アプリケーションを追加しよう

▼覚えておきたいキーワード
App Store
ランキング
インストール

MacBookにアプリケーションを追加することで、MacBookをより便利に使うことができます。アプリケーションを追加するにはApp Storeを使います。ここではApp Storeの使い方を紹介します。

1 App Storeを表示する

1 <App Store>アイコンをクリックする

Dockの<App Store>アイコンをクリックします**1**。

2 「App Store」アプリが起動する

「App Store」アプリが起動します。

2 アプリケーションを探す

1 ランキングを確認する

画面をスクロールすると、おすすめのアプリケーションや人気のあるアプリケーションのランキングが表示されます。

2 アプリケーション名を入力して探す

検索フィールドにアプリケーション名を入力して return キーを押すと**1**、検索結果が表示されます。

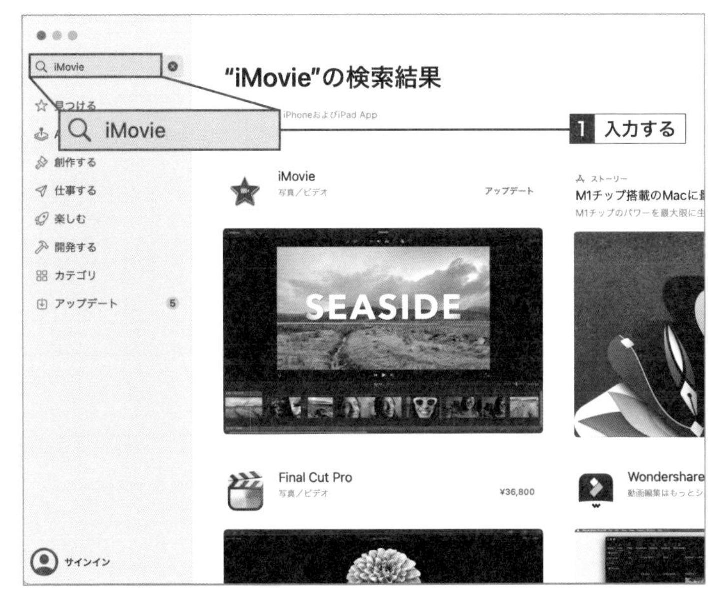

Memo アップデートの確認

＜アップデート＞をクリックすると**1**、アプリケーションのアップデートの確認と更新が行えます。

3 アプリケーションをインストールする

1 アプリケーションを入手する

インストールしたいアプリケーションの表示価格もしくは<入手>をクリックします1。

2 アプリケーションをインストールする

表示が<インストール>に変わるのでクリックします1。

3 サインインを行う

表示されるApple IDを確認して、<入手>をクリックします1。

4 パスワードを入力する

Apple IDのパスワードを入力し1、<サインイン>をクリックします2。アプリケーションがダウンロードされ、自動的にインストールされます。

4 アプリケーションを起動する

1 アプリケーションを起動する

インストールが終了したら、ボタンが<開く>に変わります。このボタンをクリックします1。

2 アプリケーションが起動する

アプリケーションが起動します。

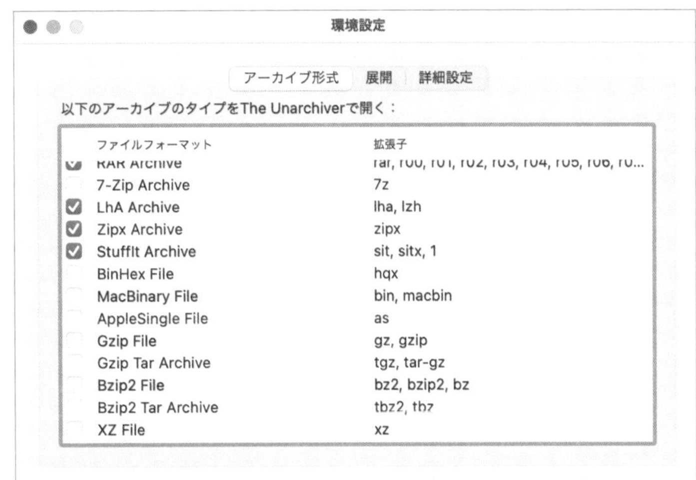

Memo Launchpadからアプリケーションを起動

インストールしたアプリケーションはLaunchpadにも追加されます。該当のアイコンをクリックすれば、Launchpadからも起動できます。

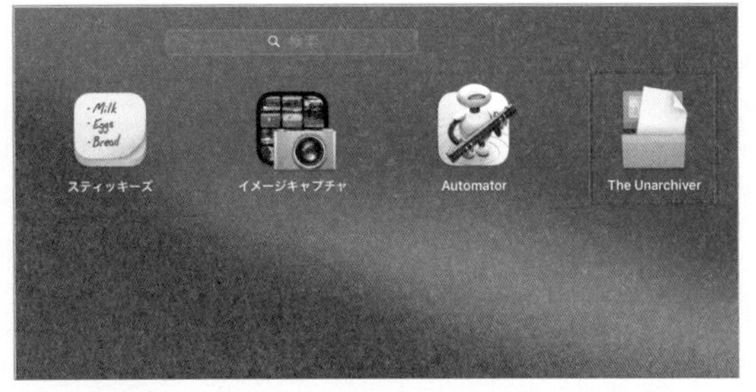

Hint 「Rosetta」のインストール

Apple M1チップ搭載のMacBookでIntelプロセッサ用アプリケーションを起動する場合、「Rosetta」をインストールするかどうかの確認画面が表示されることがあります。Rosettaをインストールしないとアプリケーションが使用できないので、<インストール>をクリックし、画面の指示に従ってインストールしてください。インストールは最初の1回のみで大丈夫です。

アプリケーションを整理／削除しよう

▼覚えておきたいキーワード
フォルダ
削除
Launchpad

App Storeからインストールしたアプリケーションは Launchpadで管理できます。ここでは、アプリケーションのアイコンの並べ替え方や、アプリケーションの削除の方法を紹介します。

1 アプリケーションを並べ替える

1 アイコンをドラッグ&ドロップする

Launchpadを表示し、移動したいアプリケーションのアイコンを移動先までドラッグ&ドロップします1。

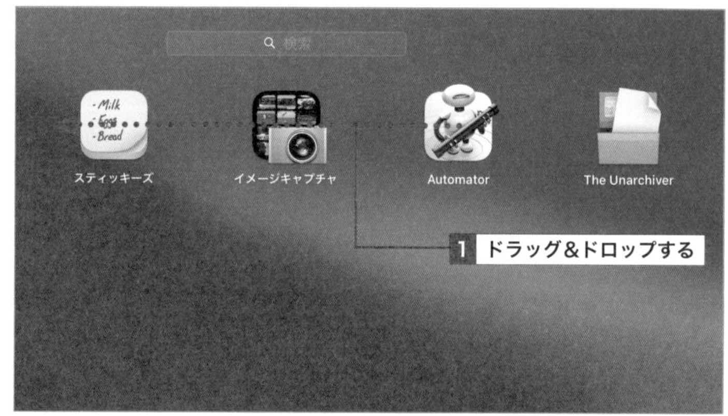

2 アイコンが移動する

アプリケーションのアイコンの位置が変わります。

Memo アイコンがうまく移動できない場合

アイコンがうまく移動できないときは、きちんとクリックした状態が維持されているか確認してみましょう。ドラッグの途中でトラックパッドやマウスのボタンから指が離れていると、うまく移動することができません。

2 フォルダを作成する

1 アイコンをドラッグする

フォルダにまとめたいアプリケーションのアイコンを別のアイコンまでドラッグします1。

2 アイコンを重ねる

アイコンを図のように重ねたら、トラックパッドから指を離します1。

3 フォルダの中身が表示される

画面が切り替わり、フォルダとその中身が表示されます。アイコンをクリックすると、そのアプリケーションが起動します。フォルダを削除するには、フォルダの中にあるアイコンをすべてフォルダの外に移動します。

3 アプリケーションを削除する

1 Launchpadを開く

Launchpadを表示し、アイコンをクリックしたままにします❶。

2 アイコンを長押しする

アイコンがブルブルと震え始め、削除可能なアプリケーションのアイコンの左上に⊗が表示されます。

3 アプリケーションを削除する

⊗をクリックし❶、＜削除＞をクリックすると❷、アプリケーションが削除されます。削除が終わったら、画面の何もない箇所をクリックします。

Chapter 06

第6章

iPhone／iPadと連携する

iCloudについて知ろう

▼覚えておきたいキーワード
- iCloud
- Apple ID
- iPhone

iCloudは、Appleが提供しているクラウドサービスです。ファイルや写真をクラウド上に保存して利用できるほか、同じApple IDを登録したiPhoneからも利用できるので、MacBookとiPhoneで連携した使い方も可能です。

1 iCloudで利用できる機能

1 データの同期

iCloudでは、「連絡先」アプリや「カレンダー」アプリなどのデータをクラウドに保存することができます。同じApple IDを登録したiPhoneからも利用できるので、いつでもどこでも最新のデータが扱えます。

2 ファイルの保存

「テキストエディット」アプリや「Pages」アプリのデータは「iCloudドライブ」に保存することができます。さまざまなファイルを保存することができるので、インターネット上のファイル置き場としても利用できます。

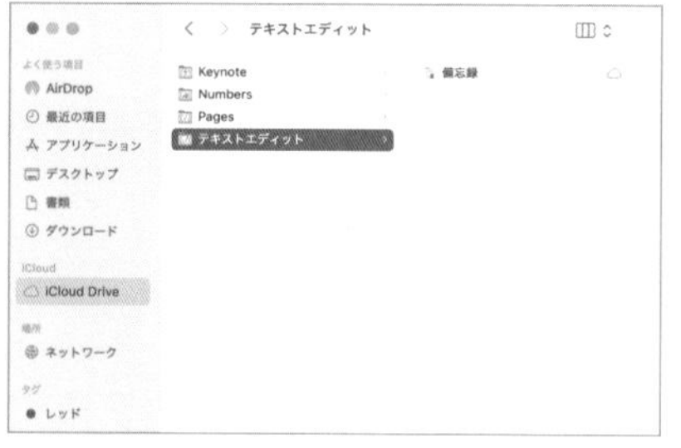

3 Webからのサービス利用

Safariでhttps://www.icloud.com/にアクセスしてサインインすると、Web版のiCloudを利用することができます。メールやカレンダー、写真だけでなく、PagesやNumbersなどもアプリケーション感覚で利用できます。

4 iPhoneを探す

Web版のiCloudでは、iPhoneを紛失した場合、iPhoneの現在位置を地図上に表示し、遠隔ロックや遠隔消去などを行うことができます。iPhoneだけでなくMacBookを探すことも可能です。

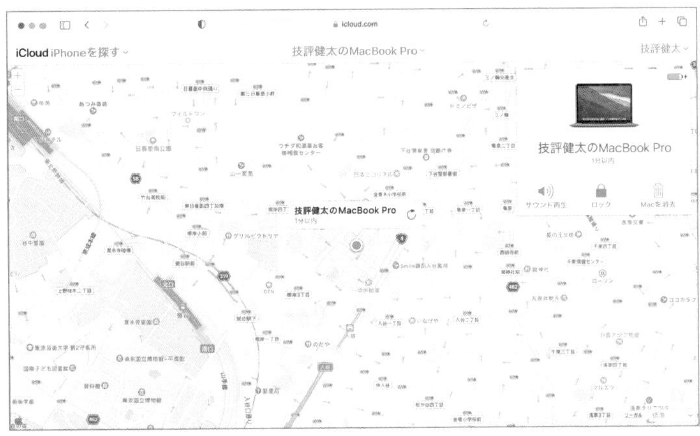

5 iPhoneとの連携

自宅のMacBookで地図を確認し、その状態をiPhoneに引き継いで閲覧するといった連携が可能です(Handoff機能)。また、iPhoneにかかってきた電話をMacBookで受けることもできます。

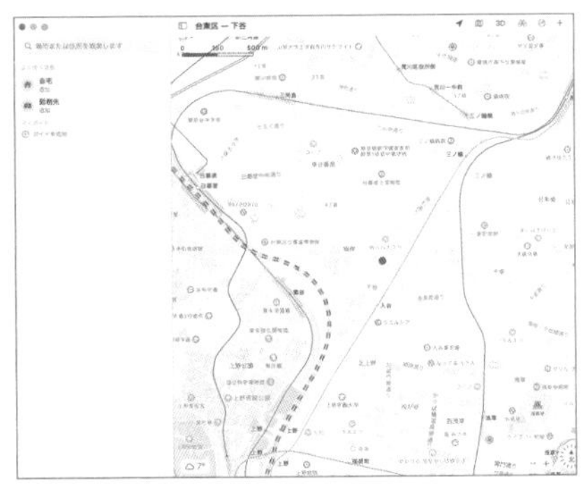

Memo iCloudの容量

iCloudでは、無料で5GBまでの容量を利用することができます。写真を保存するとすぐに容量の上限に達してしまうので注意しましょう。容量が足りない場合は、有料プランで50GB(130円/月)、200GB(400円/月)、2TB(1300円/月)まで増やすことができます。

iCloudにサインインしよう

▼覚えておきたいキーワード
サインイン
iCloud
パスワード

初回登録時にiCloud IDを取得していない場合や、新しくユーザを作成した場合にはiCloudにサインインする必要があります。ここでは、MacBookとiPhoneでのiCloudへのサインイン方法を紹介します。

1 iCloudにサインインする

1 システム環境設定を開く

をクリックし1、<システム環境設定>をクリックします2。

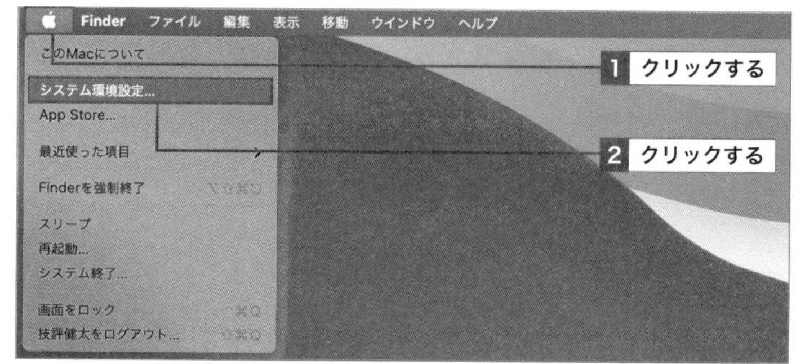

2 サインインをクリックする

<サインイン>をクリックします1。

3 iCloudにサインインする

AppleIDとパスワードを入力し1、<次へ>をクリックします2。

4 ログインパスワードを入力する

MacBookにログインする際に入力しているパスワードを入力し❶、<OK>をクリックします❷。

5 位置情報の使用を許可する

「Macを探す」で、MacBookの位置情報を使用する必要があります。ここでは<許可>をクリックします❶。この後、再度ログインパスワードを求められる場合があります。

6 同期する項目を確認する

<iCloud>をクリックし❶、同期したい項目にチェックを入れます❷。これで、iCloudにサインインできました。iCloudと連携したアプリなども使えるようになります。

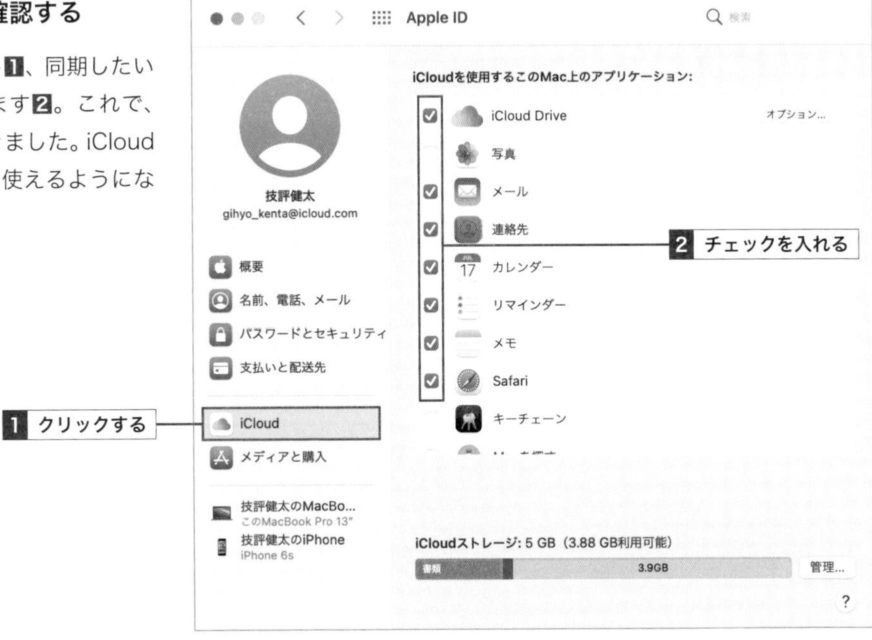

Memo iCloudのサインアウト

別のApple IDでサインインし直したい場合は、一度サインアウトする必要があります。サインアウトは、手順6の画面で<概要>→<サインアウト>をクリックし、残したいデータを選択して<コピーを残す>をクリックします。

2 iPhoneでiCloudにサインインする

1 <設定>をタップする

iPhoneのホーム画面で<設定>をタップします1。

2 iCloudにサインインする

iCloudにサインインしていない場合は<iPhoneにサインイン>をタップします1。すでにサインインしている場合は以降の操作は必要ありません。

3 Apple IDとパスワードを入力する

MacBookと同じAppleIDとパスワードを入力し1、<サインイン>もしくは<次へ>をタップします2。

4 確認コードを入力する

確認コードがSMSなどで届くので入力します1。

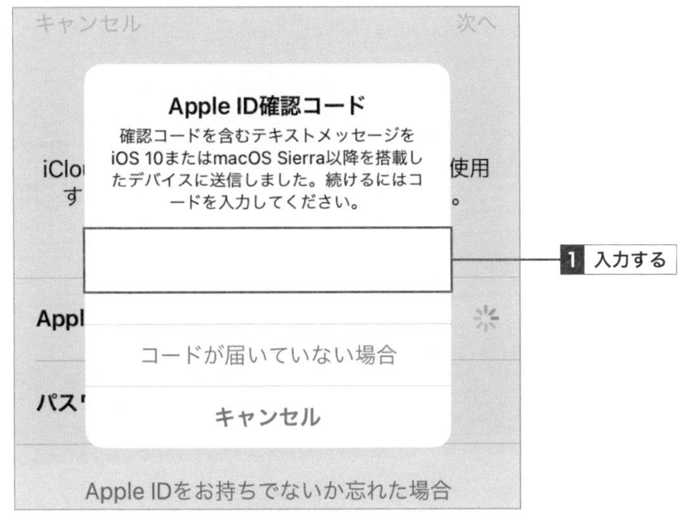

5 アカウント名が表示される

iPhoneでiCloudで使えるようになり、アカウント名が表示されます。<iCloud>をタップします1。

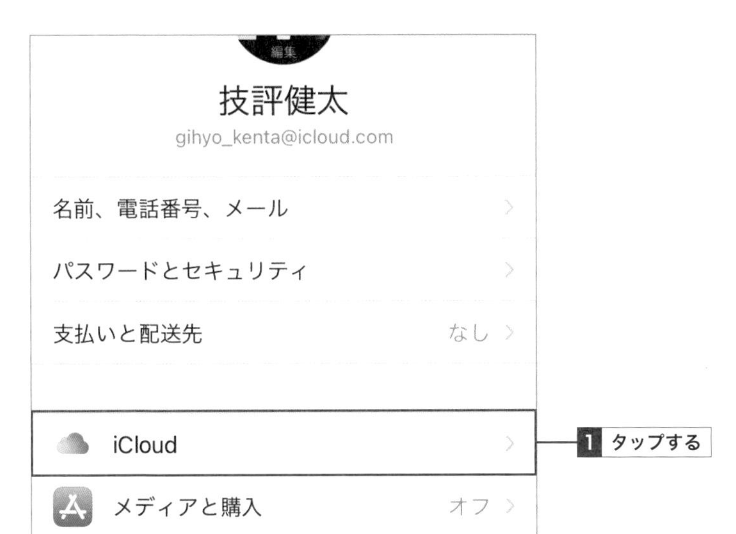

6 同期の設定を行う

同期する項目の設定が行えます。をタップすることで、それぞれのデータの同期のオン／オフが行えます。

Section 68

2ファクタ認証を有効にしよう

▼覚えておきたいキーワード
2ファクタ認証
確認コード
セキュリティ

セキュリティを高める場合、ID／パスワードに加え、iPhoneを使って認証する「2ファクタ認証」を有効にしましょう。認証が必要な場合、iPhoneにも確認コードが届くので、なりすましなどの被害を防止する効果があります。

1 2ファクタ認証を有効にする

1 システム環境設定を開く

Sec.06を参考に「システム環境設定」を開き、<Apple ID>をクリックします1。

2 2ファクタ認証を有効にする

「2ファクタ認証」の右にある<有効にする>をクリックします1。すでに2ファクタ認証が有効になっている場合は表示されないので、以降の操作は不要です。

3 内容を確認する

内容を確認し、<有効にする>のチェックを入れ1、<続ける>をクリックします2。

4 パスワードを入力する

Apple IDのパスワードの入力画面が開くのでパスワードを入力し1、<サインイン>をクリックします2。

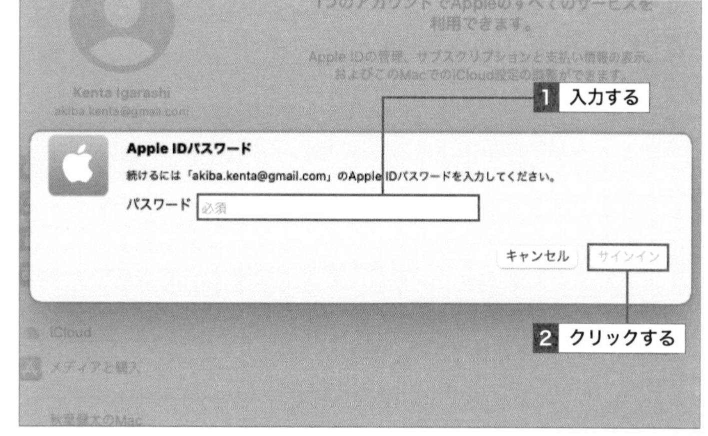

5 電話番号を入力する

SMSを受け取る電話番号を入力し1、<続ける>をクリックします。届いた確認コードを入力すると2、2ファクタ認証が有効になります。

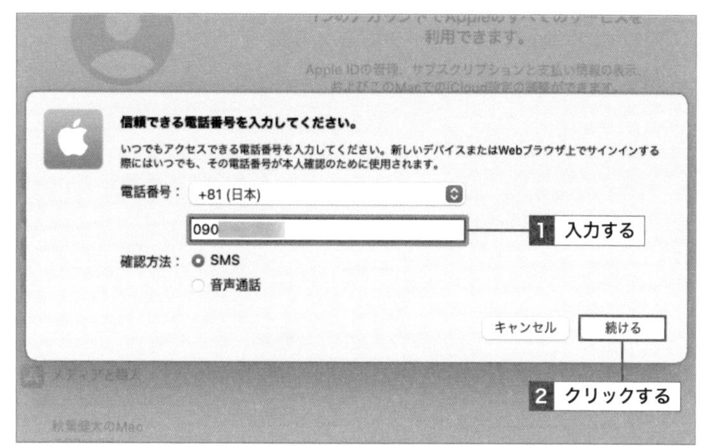

iCloudドライブでデータをやりとりしよう

▼覚えておきたいキーワード
iCloudドライブ
ファイル
iPhone

iCloudドライブを使えば、MacBookで作成したドキュメントをiPhoneで閲覧するといったことが可能です。ここでは、iCloudドライブへのアクセス方法を紹介します。

1 iCloudドライブでファイルを扱う

1 FinderでiCloudドライブにアクセスする

Finderのサイドバーで<iCloud Drive>をクリックします1。iCloudドライブ内のフォルダやファイルが表示され、他のフォルダと同様の操作でコピーや移動などが行えます。ファイルをダブルクリックします2。

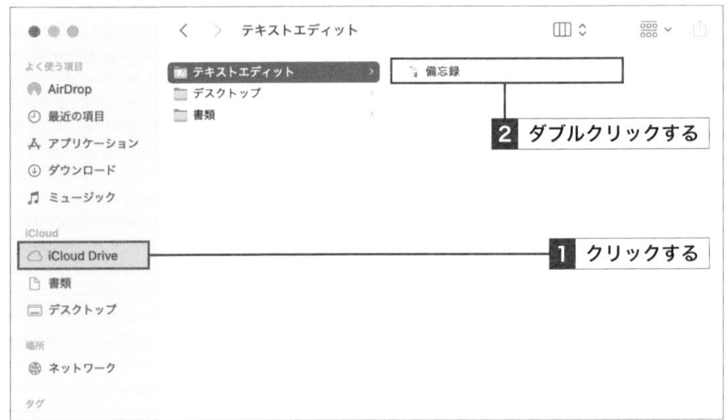

2 iCloudにあるファイルを開く

アプリケーションが起動してファイルが開きます。ファイルを編集して上書き保存することもできます。

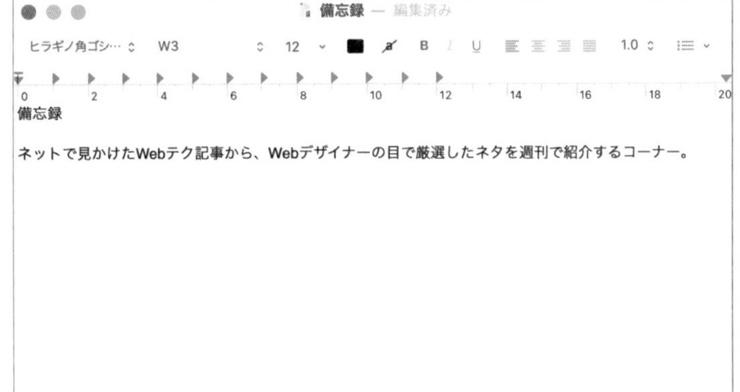

Memo Webブラウザからも利用できる

iCloudドライブは、Webブラウザからも利用できます（P.171参照）。MacBookやiPhoneがない場合でも、Webブラウザがあればファイルの閲覧ができるので、よく使うファイルはiCloudドライブに保存しておくと、いざというときに便利です。

2 iPhoneからiCloudドライブにアクセスする

1 <ファイル>をタップする

iPhoneのホーム画面で<ファイル>をタップします**1**。

2 iCloudドライブが表示される

iCloudドライブ内のフォルダやファイルが表示されます。ここでは<テキストエディット>フォルダをタップします**1**。

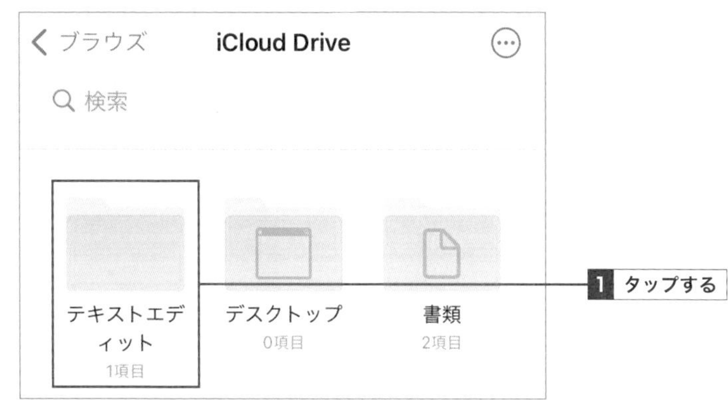

3 ファイルをタップする

フォルダに保存されているファイルが表示されます。ファイルをタップします**1**。

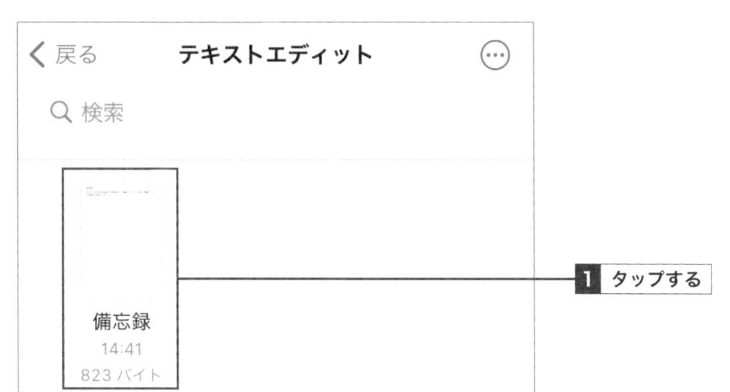

4 ファイルが開く

アプリケーションが起動してファイルが開きます。ファイルの種類によっては、内容を編集したり、ダウンロードしたりできます。

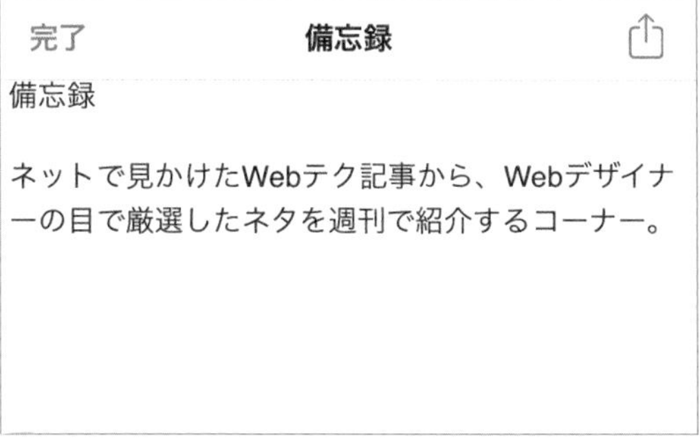

MacBookのデータをiPhoneに転送しよう

▼覚えておきたいキーワード
Finder
同期
転送

「ミュージック」アプリで管理している音楽などのMacBookのデータは、USBケーブルで接続して「Finder」アプリで同期することができます。写真や連絡先、カレンダーなども同様の方法でiPhoneに転送することが可能です。

1 「ミュージック」アプリで取り込んだ音楽をiPhoneに転送する

1 「Finder」アイコンをクリックする

Dockの「Finder」アイコンをクリックし1、MacBookとiPhoneをUSBケーブルで接続します。

2 ＜はじめよう＞をクリックする

接続されたiPhone名が「場所」に表示されているのでクリックします1。初めて接続したときは図のような画面が表示されるので、＜はじめよう＞をクリックします2。

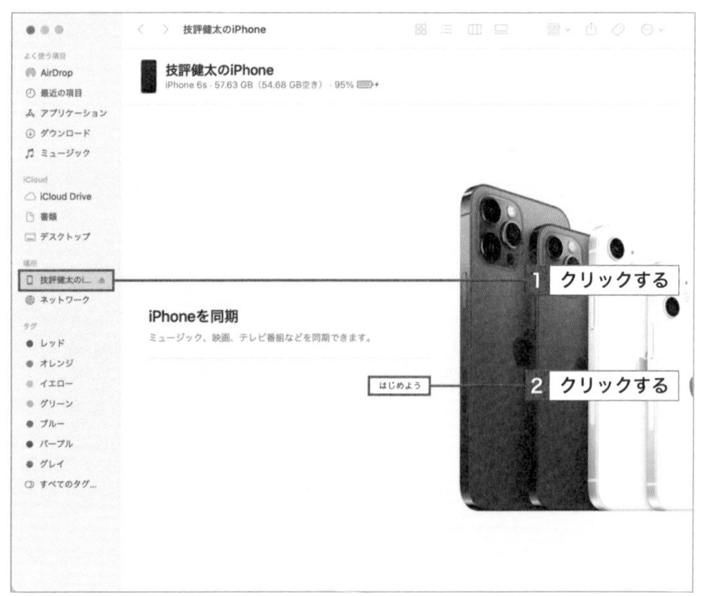

3 同期する項目を確認する

同期する項目などが表示されるので、内容を確認します。

4 転送するファイルを設定する

<ミュージック>をクリックし1、同期する項目を設定します2。

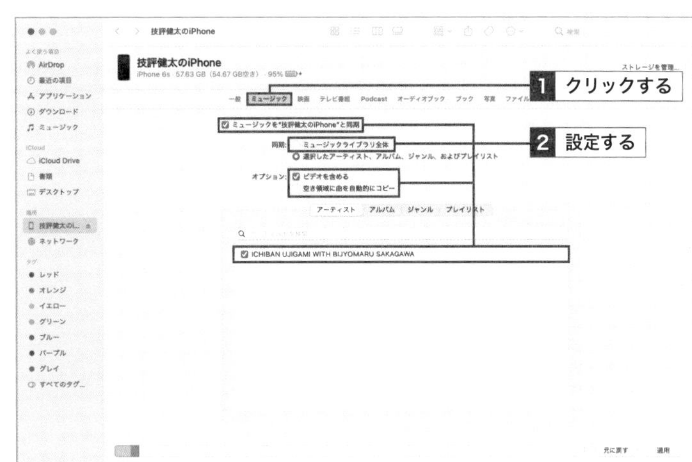

5 同期を開始する

画面右下の<同期>をクリックすると1、同期が開始されます。

Memo iPhoneと同期

かつてMacBookとiPhoneの同期には「iTunes」アプリを利用していましたが、現在では「Finder」アプリを使用して同期を行います。「ミュージック」アプリからの同期は行えず、デバイス名をクリックするとFinderで開くように促されます。

MacBookで開いた地図をiPhoneで見よう

▼覚えておきたいキーワード
Handoff
連携
iPhone

MacBookとiPhoneでは、片方で始めたアプリケーションの作業をもう片方の端末に引き継ぐことができます。この機能のことをHandoffといいます。Apple製のアプリケーションの多くがHandoffに対応しています。

1 Handoffを利用できるようにする

1 MacBookでHandoffを有効にする

Sec.06を参考にMacBookでシステム環境設定を開き、<一般>をクリックします。<このMacとiCloudデバイス間でのHandoffを許可>にチェックを入れます1。

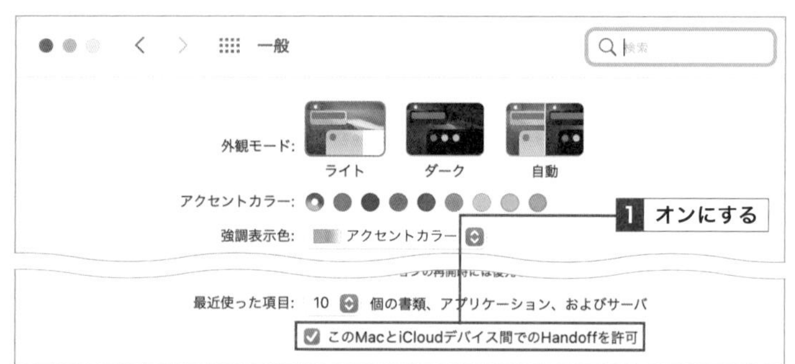

2 iPhoneでHandoffを有効にする

iPhoneのホーム画面で<設定>をタップし、<一般>→<AirPlayとHandoff>の順にタップして1、<Handoff>をオンにします2。

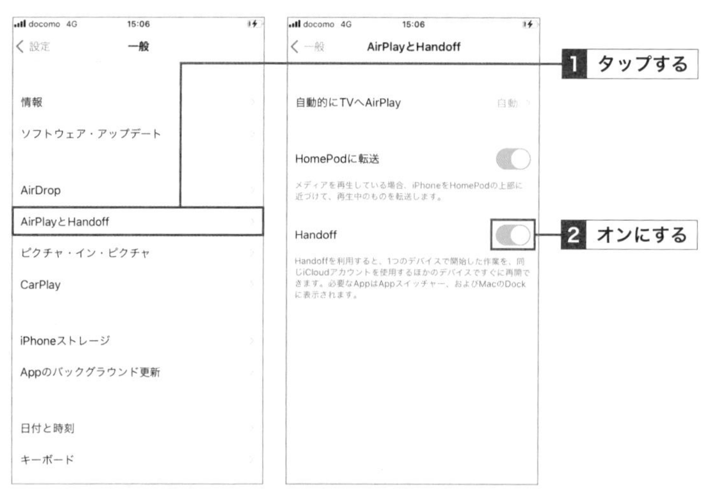

Memo Handoffの利用条件

Handoffを利用するには、それぞれ同じAppleIDでiCloudにサインインしており、かつBluetoothとWi-Fiがオンになっている必要があります。

2 Handoffを利用する

1 MacBookでアプリケーションを起動する

MacBookでHandoff対応のアプリケーションを起動します。ここでは、「マップ」アプリで地図を表示しておきます。

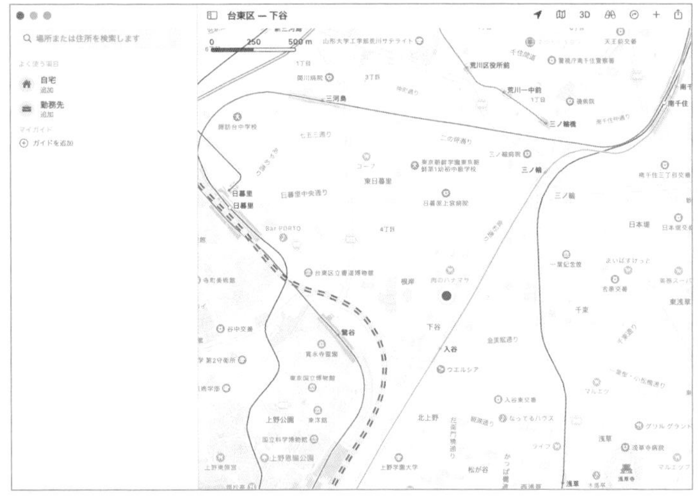

2 iPhoneのアプリケーションを切り替える

画面下部の中央部から上方向にスワイプして指を止め（ホームボタンがある機種ではホームボタンをダブルクリックし）、Appスイッチャーを表示します。画面下にバナーが表示されているのでタップします**1**。

3 iPhoneでアプリケーションが起動する

Handoffで引き継がれるアプリケーション（ここでは「マップ」アプリ）が起動し、MacBookで見ていた画面と同じ状態で表示されます。

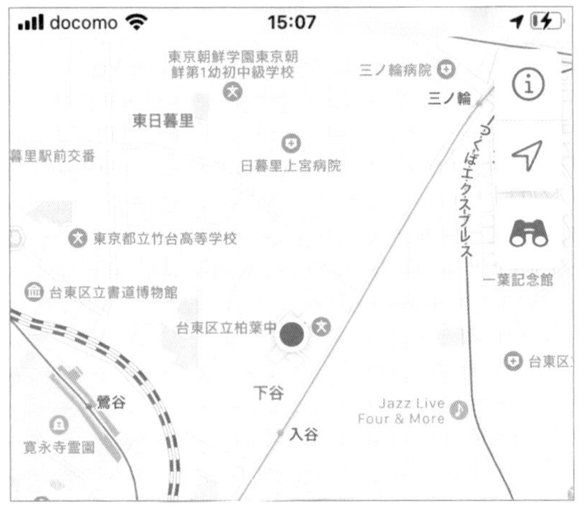

Section 72

iPhoneの画面をMacBookに映そう

▼覚えておきたいキーワード
QuickTime Player
入力ソース
新規ムービー収録

QuickTime Playerを使うことで、iPhoneの操作画面をMacBookに表示することができます。iPhoneの画面がリアルタイムに表示されるため、操作画面を録画することもできるので、操作説明などにも便利です。

1 iPhoneの画面をMacBookに表示する

1 QuickTime Playerを起動する

Launchpadで<QuickTime Player>アイコンをクリックします**1**。

2 新規ムービー収録を行う

QuickTime Playerが起動するので、<ファイル>→<新規ムービー収録>をクリックします**1**。

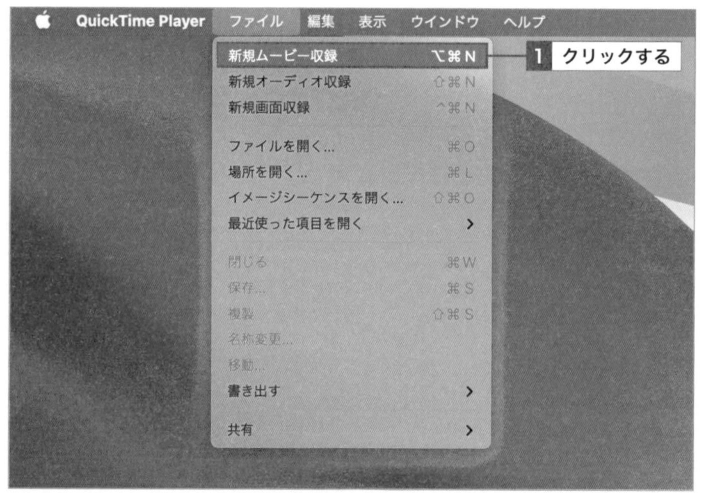

3 iPhoneを接続する

ムービー収録画面が表示されたら、iPhoneとMacBookをUSBケーブルで接続します。

4 入力ソースにiPhoneを選ぶ

録画ボタンの右にある⌄をクリックすると、入力ソースが選択できるので、<○○のiPhone>をクリックします1。

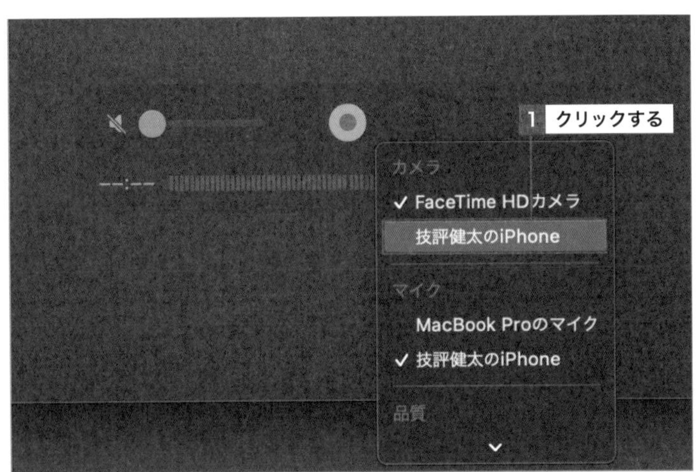

5 iPhoneの画面が表示される

MacBookにiPhoneの画面が表示されます。録画ボタン◉をクリックすると1、操作の様子を動画で録画することもできます。

iPadをMacBookのサブディスプレイにしよう

▼覚えておきたいキーワード
Sidecar
サブディスプレイ
配置

Sidecarという機能を使うことで、MacBookとiPadを接続してiPadをMacBookのサブディスプレイとして使用することができます。ここでは、iPadをMacBookのサブディスプレイにする方法を紹介します。

1 SidecarでiPadをサブディスプレイにする

1 システム環境設定を開く

あらかじめ、同じApple IDでサインインしたiPadをUSBケーブルでMacBookに接続します。Sec.71を参考にHandoffを有効にし、Sec.06を参考に「システム環境設定」を開き、<Sidecar>をクリックします1。

Sidecarの使用条件

Sidecarが利用できるMacBookとiPadには条件があります。詳しくはhttps://support.apple.com/ja-jp/HT210380を参照してください。

2 iPadを接続する

<デバイスを選択>をクリックし1、接続したiPadをクリックします2。

3 iPadにMacBookの画面が表示される

iPadにMacBookの画面が表示されます。画面の左側のサイドバーからキー操作を行うことも可能です。初期状態では、MacBookの右横にiPadの画面が表示されるように配置されています。

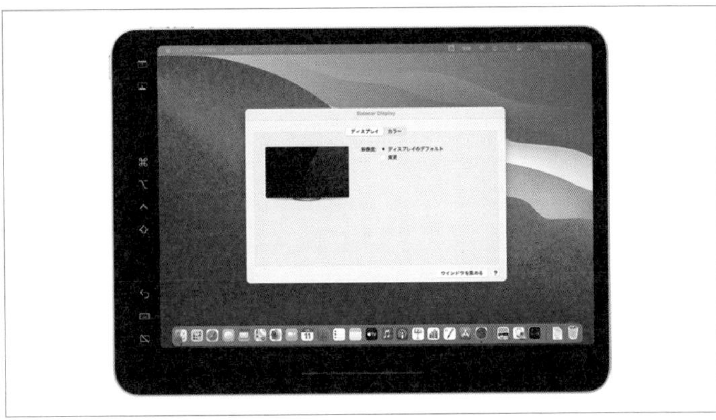

4 システム環境設定で配置を設定する

MacBookのシステム環境設定の＜ディスプレイ＞をクリックして開き、「AirPlayディスプレイ」に選択したiPadが指定されていることを確認します**1**。その後＜配置＞をクリックします**2**。

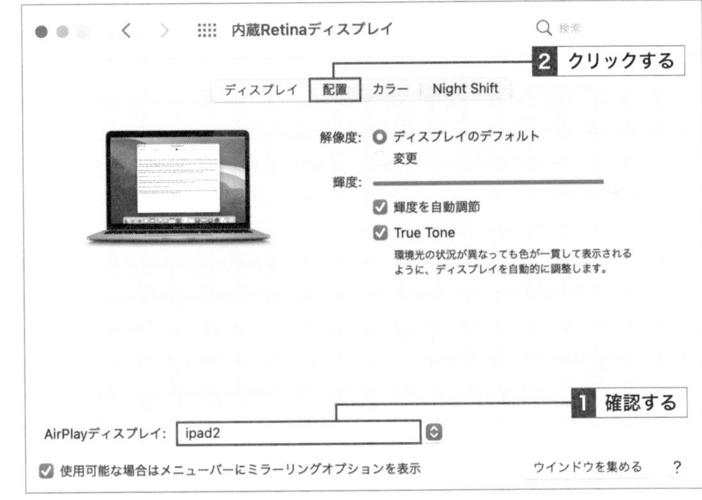

5 デュアルディスプレイの設定をする

ディスプレイの設置位置などをドラッグして設定します。なお、接続を解除する場合は手順2の画面で＜接続解除＞をクリックします。

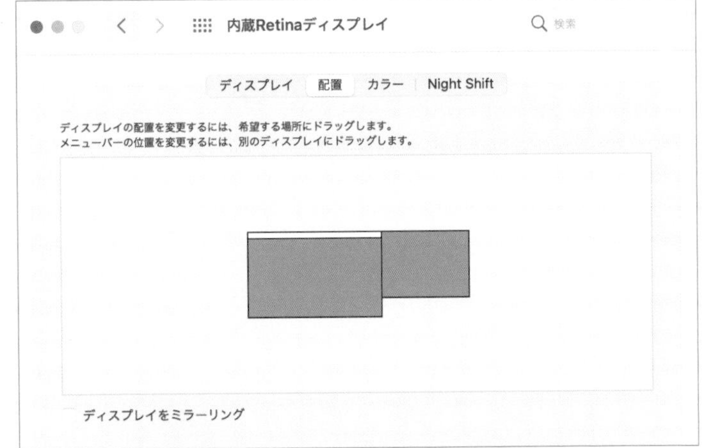

Memo ミラーリング表示

＜ディスプレイをミラーリング＞にチェックを入れると、MacBookと同じ画面がiPadに表示されます。

Hint Wi-Fi経由での表示

両方のデバイスが10メートル以内にあればUSBケーブルがなくてもワイヤレスで接続することができます。また、接続操作や設定変更はコントロールパネルの「ディスプレイ」をクリックして表示される画面からも行えます。

iPhoneにかかってきた電話をMacBookで受けよう

▼覚えておきたいキーワード
FaceTime
電話
着信

同じApple IDでサインインしてあれば、iPhoneに着信した電話をMacBookの「FaceTime」アプリで受けて通話することができます。仕事中に手が離せないときなどに便利です。

1 FaceTimeで着信できるようにする

1 「FaceTime」アプリを起動する

Launchpadで＜FaceTime＞アイコンをクリックします1。

2 環境設定を開く

「FaceTime」アプリが起動するので、＜FaceTime＞メニューをクリックし1、＜環境設定＞をクリックします2。

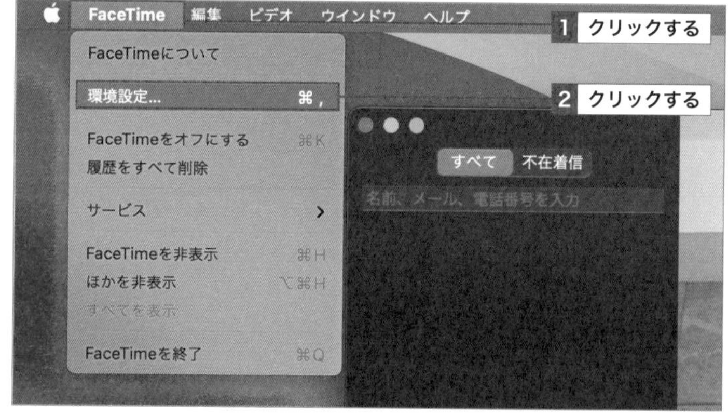

Memo 着信だけでなく発信も可能

ここでは、iPhoneでの着信をMacBookで受ける方法を紹介していますが、逆にMacBookからiPhoneを利用して発信することもできます。どちらの機能も、それぞれ同じAppleIDでiCloudにサインインしており、かつ同じWi-Fiに接続しておく必要があります。

3 ＜iPhoneから通話＞をオンにする

＜設定＞をクリックし1、＜iPhoneから通話＞のチェックを入れます2。iPhoneとMacBookが近くにあり、それぞれが同じWi-Fiで接続されていれば、iPhoneでの着信をMacBookで応答できるようになります。

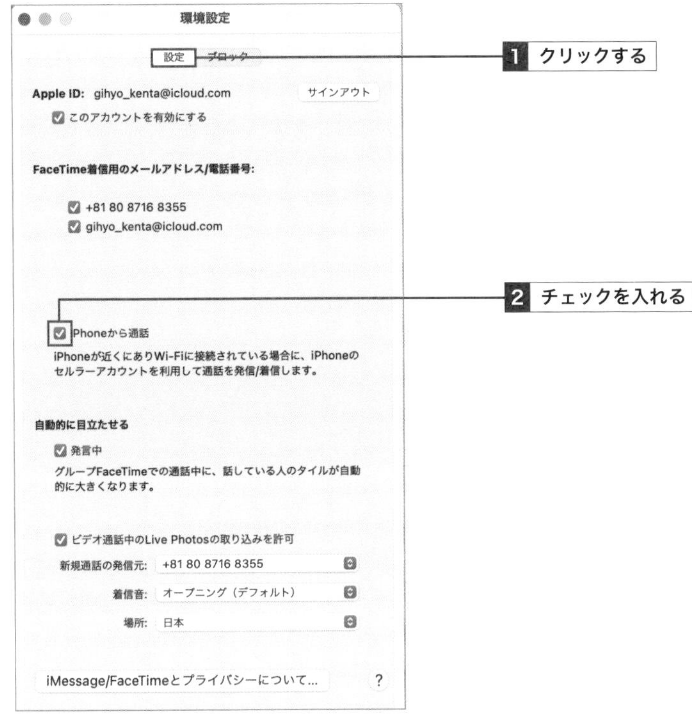

2 MacBookで着信を受ける

1 着信の通知が表示される

iPhoneに着信があると、MacBookに着信通知が表示されます。応答する場合は＜応答＞をクリックします1。

2 通話する

MacBookで着信を受け、通話することができます。通話を終了する場合は＜終了＞をクリックします1。

Hint 着信の拒否

着信を拒否したいときは、手順1の画面で＜拒否＞をクリックします。後で通知してほしい場合は、■をクリックして、通知してほしい時間をクリックして選択します1。

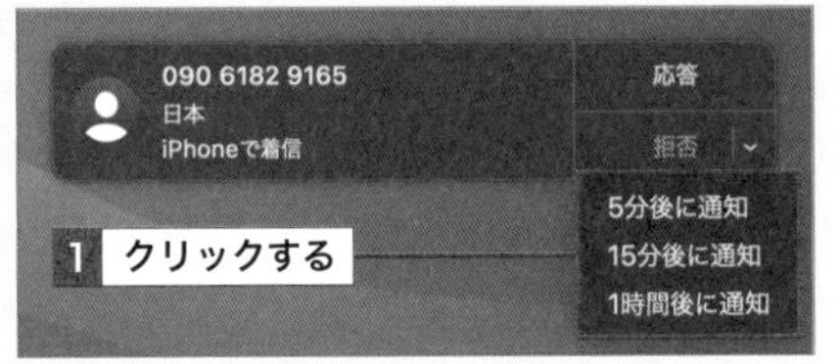

Section 75

iPhone経由でインターネットに接続しよう

▼覚えておきたいキーワード
テザリング
インターネット共有
Instant Hotspot

iPhoneのテザリング機能を使うことでWi-Fi環境がない場所でもMacBookからインターネットに接続することができます。外出先からMacBookでインターネットに接続したいときに、Wi-Fiがない場合に便利です。

1 iPhoneでテザリングの設定をする

1 「設定」アプリを開く

iPhoneのホーム画面で＜設定＞をタップし、＜インターネット共有＞をタップします1。

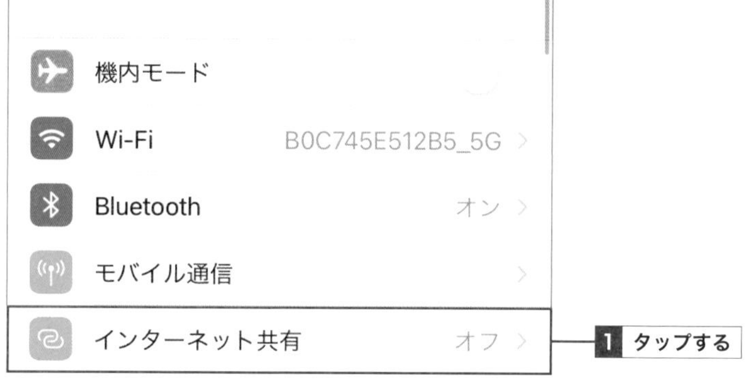

2 インターネット共有をオンにする

＜ほかの人の接続を許可＞をオンにします1。この状態でMacBookをインターネットに接続する準備ができました。

Memo テザリングが利用できるかどうか事前に確認

iPhone経由でインターネットに接続する機能のことをテザリングと呼びます。テザリングを利用するには、あらかじめ契約が必要な場合があります。キャリアによって提供の有無や料金が異なるので、あらかじめ自分の契約しているキャリアなどのWebサイトなどで確認しておきましょう。

2 MacBookをiPhone経由でインターネットに接続する

1 Wi-Fiアイコンをクリックする

ステータスメニューの をクリックします1。

2 インターネット共有をクリックする

「インターネット共有」に表示されているiPhone名をクリックします1。

3 接続された

アイコンの表示が変わりiPhone経由でインターネットに接続します。

Hint Instant Hotspot

Instant Hotspotと呼ばれる機能により、MacBookとiPhoneが同じApple IDでiCloudにサインインしていれば、手順2の後にSSIDやパスワードを入力する必要がありません。

Key Word 接続を解除する

インターネットの利用が終了したら手順3の画面で接続しているiPhone名をクリックして接続を解除しましょう。こまめに接続をオフにすることで、無駄なパケット代を削減することができます。

Section 76

Apple Watchで MacBookにログインしよう

▼覚えておきたいキーワード
Apple Watch
ログイン
システム環境設定

Apple製の腕時計「Apple Watch」を持っていれば、MacBookのスリープ解除時に、パスワードを入力せず自動的にログインできるようになります。なお、watchOS 3 以降を搭載したApple Watchが必要となります。

1 Apple Watchでログインできるようにする

1 システム環境設定を開く

Sec.06を参考にMacBookでシステム環境設定を開き、<セキュリティとプライバシー>をクリックします1。

2 ロック解除の設定をする

<Apple Watchを使ってアプリケーションとこのMacのロックを解除>にチェックを入れます1。この設定をすれば、スリープ解除時にAppleWatchをMacBookに近づけることで、自動的にログインできるようになります。

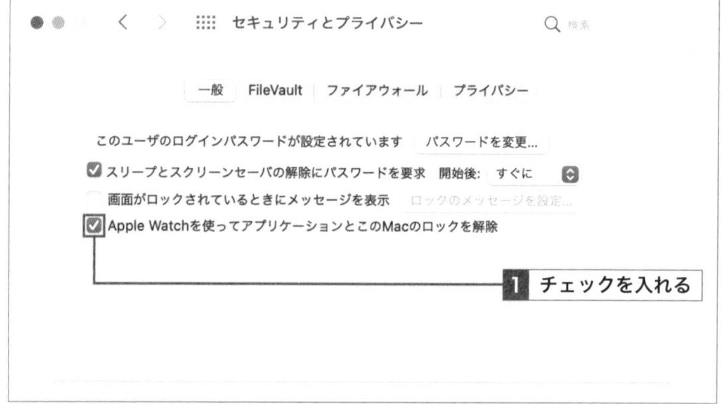

Memo **2ファクタ認証が必要**

この機能を利用するには、Wi-FiとBluetoothが有効で、Apple Watchにパスコードを設定し、Apple IDに2ファクタ認証が設定されていることが必要となります（Sec.68参照）。

Chapter 07

第7章

MacBookをより便利に使う

Section 77

壁紙やスクリーンセーバを変更しよう

▼覚えておきたいキーワード
壁紙
スクリーンセーバ
ホットコーナー

MacBookは、デスクトップの壁紙や、一定時間操作しないときに表示されるスクリーンセーバを変更することができます。ここでは、壁紙やスクリーンセーバの変更方法を紹介します。

1 壁紙を変更する

1 システム環境設定を開く

Sec.06を参考にシステム環境設定を開き、<デスクトップとスクリーンセーバ>をクリックします1。

2 壁紙を設定する

<デスクトップ>をクリックし1、変更したい壁紙をクリックすると2、壁紙が変更されます。

2 スクリーンセーバを変更する

1 スクリーンセーバの設定画面を表示する

前ページ手順2の画面で<スクリーンセーバ>をクリックすると1、スクリーンセーバの設定画面が表示されます。

2 スクリーンセーバを設定する

設定したいスクリーンセーバをクリックし1、スクリーンセーバを開始するまでの時間を設定します2。

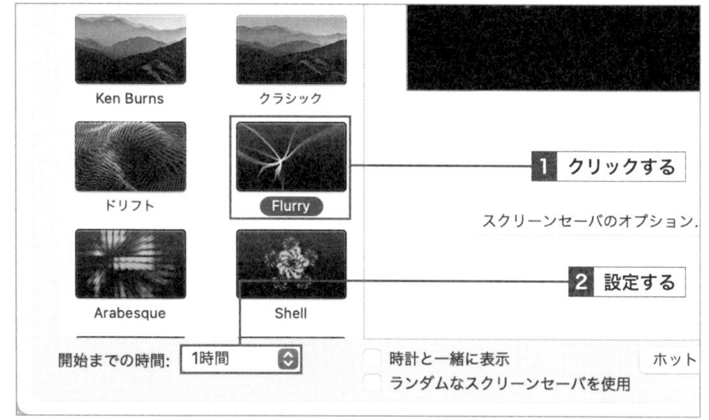

3 ホットコーナーを設定する

<ホットコーナー>をクリックし1、ここでは左上の項目を<スクリーンセーバを開始する>に設定して2、<OK>をクリックします3。すると、画面左上にマウスカーソルを移動するだけで、スクリーンセーバが開始します。

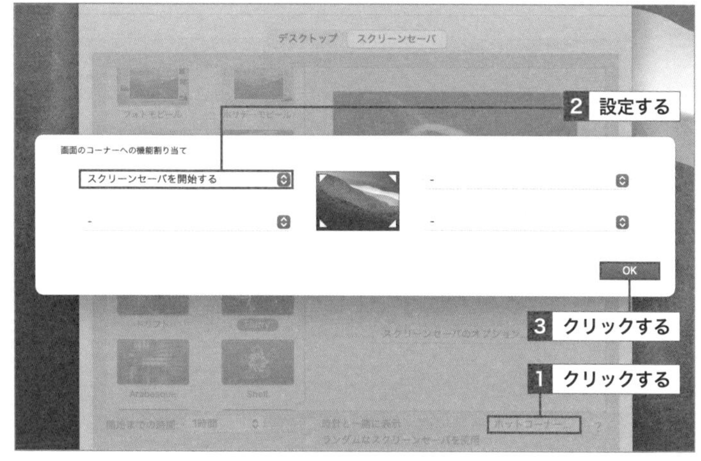

Step Up ホットコーナーからLaunchpadを表示

ホットコーナーは、スクリーンセーバ以外にも機能を割り当てることができます。左下にLaunchpadを割り当てておけば、マウスカーソルを画面左下に移動させただけで、Launchpadを表示できます。

目にやさしい画面にしよう

▼覚えておきたいキーワード
ブルーライト
Night Shift
ダークモード

MacBookでは、長時間作業した場合でも目が疲れにくいように、画面をブルーライトを軽減した色合いにしたり（Night Shift）、黒色を基調としたダークモードにしたりすることができます。

1 ブルーライトを軽減する

1 システム環境設定を開く

Sec.06を参考に「システム環境設定」を開き、<ディスプレイ>をクリックします1。

2 Night Shiftのスケジュールを設定する

<Night Shift>をクリックし1、<スケジュール>をクリックして<日の出から日の入りまで>に設定します2。<カスタム>を選択すると、詳細な時間帯を設定できます。

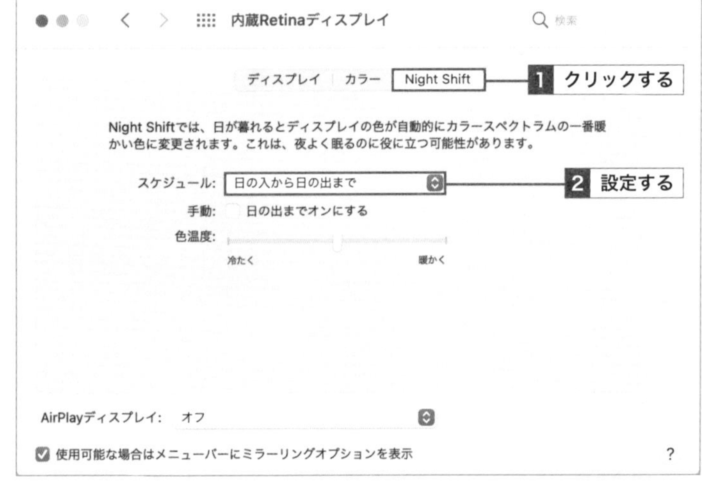

2 ダークモードを設定する

1 システム環境設定を開く

Sec.06を参考に「システム環境設定」を開き、<一般>をクリックします**1**。

2 外観モードを変更する

「外観モード」で<ダーク>をクリックします**1**。

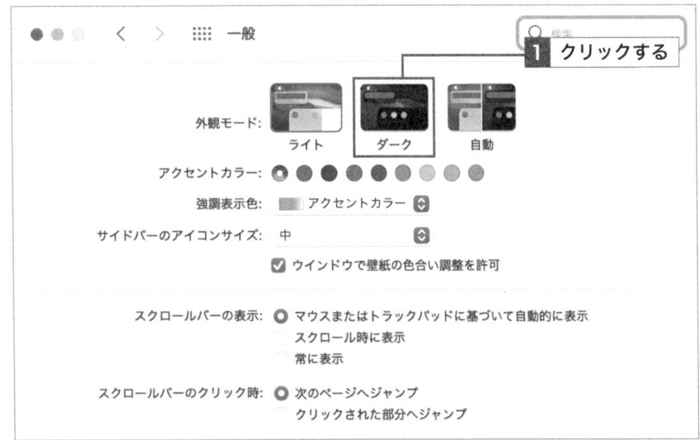

3 ダークモードになった

画面が黒色を基調としたカラーになり、目への負担が軽くなります。

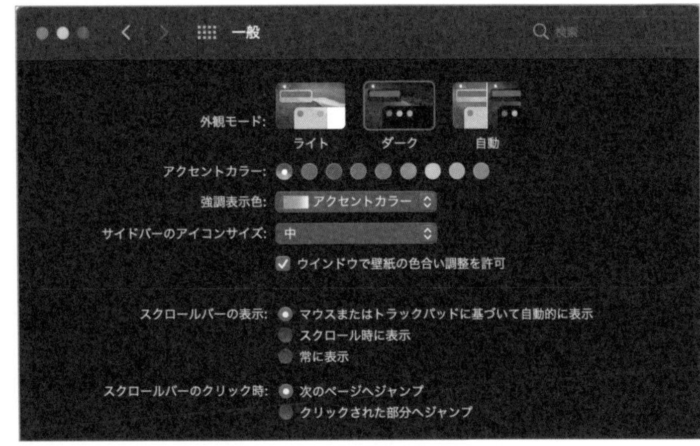

Hint Night Shiftやダークモードをすばやく切り替える

P.26を参考にコントロールセンターを表示して、<ディスプレイ>を強めにクリックすると、Night Shiftやダークモードのアイコが表示されます。これらをクリックすることで、それぞれのオン/オフを切り替えることができます。

Section 79

通知センターにウィジェットを追加しよう

▼覚えておきたいキーワード
通知センター
ウィジェット
カスタマイズ

MacBookでは、iPhoneやiPadと同様に通知センターにウイジェットを追加することができます。よく使うウィジェットを登録しておくことで、必要な情報にアクセスしやすくなります。

1 通知センターをカスタマイズする

1 日付をクリックする

ステータスメニューの日付部分をクリックします1。

通知センターの表示

トラックパッドの右端を2本指で左方向にスワイプすることでも通知センターを表示することができます。

2 通知センターが開く

通知センターが表示されるので、スワイプして上方向にスクロールします1。

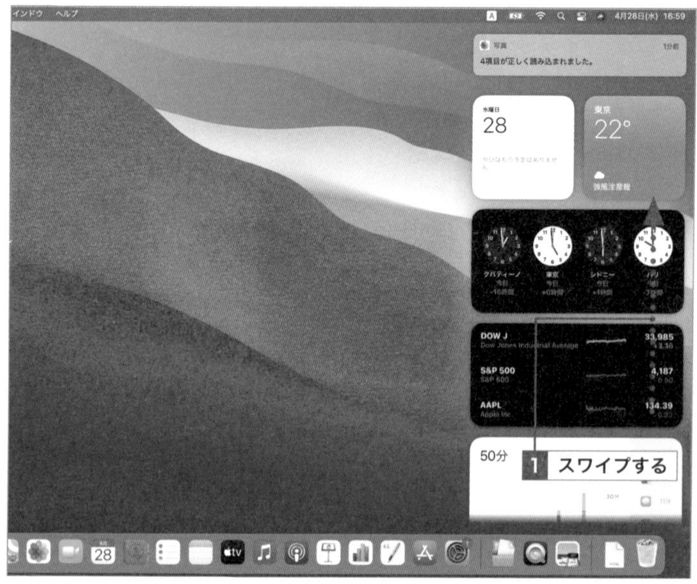

3 ウィジェットを編集する

＜ウイジェットを編集＞をクリックします1。

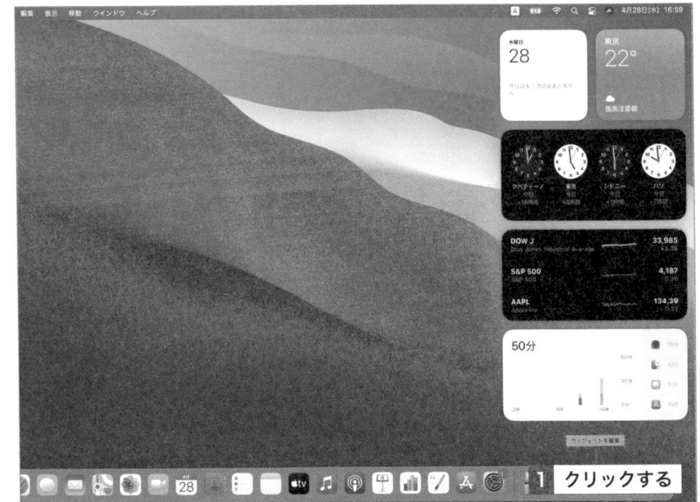

4 ウイジェットを追加する

左側のアプリ名をクリックするか上下にスクロールして、ウィジェットを探します。追加したいウィジェットのサイズをクリックし1、左上の＜＋＞をクリックします2。

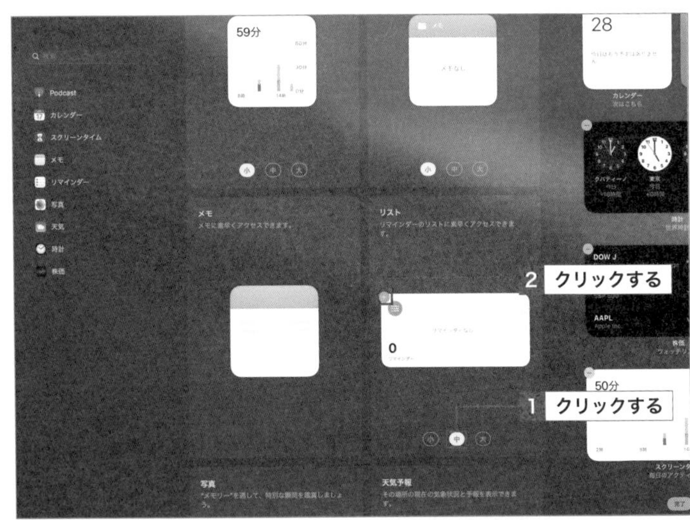

5 ウィジェットが追加される

ウィジェットが追加されます1。もとの画面に戻るには＜完了＞をクリックします2。

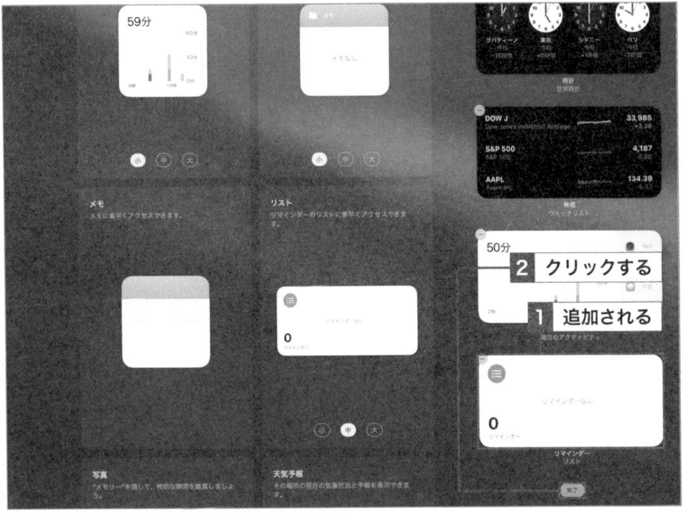

Memo ウィジェットの並び順の変更や削除

追加されたウィジェットはドラッグすることで並び順を変更することができます。また、ウィジェット左上の＜－＞をクリックすることで削除できます。

Section 80

スタックでファイルを整理しよう

▼覚えておきたいキーワード
スタック
整理方法
ブラウズ

デスクトップにファイルやフォルダがあふれてしまうと、必要なファイルが見つけにくくなります。そういうときには「スタック」を使って整理しましょう。

1 スタックを有効にする

1 「Finder」アイコンをクリックする

Dockの「Finder」アイコンをクリックします1。

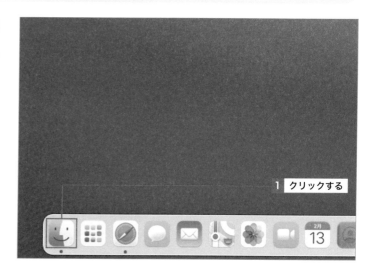

2 スタックを使用する

＜表示＞メニュー→＜スタックを使用＞をクリックしてチェックを付けます1。

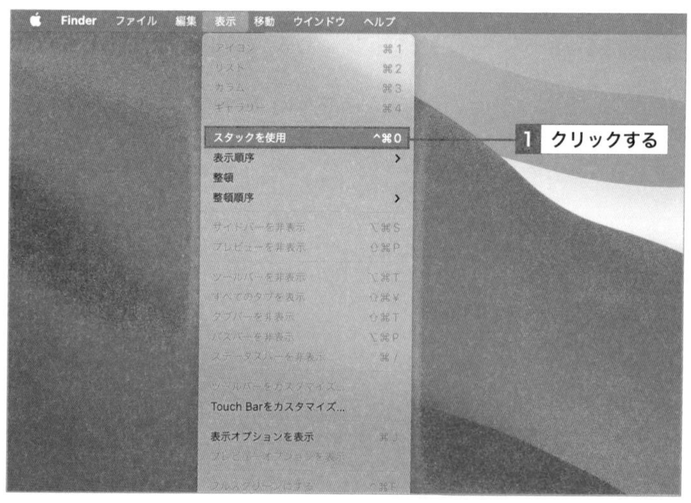

3 ファイルが1つにまとまる

デスクトップのファイルが種類ごとにまとまり、<書類>、<プレゼンテーション>、<スプレッドシート>の3つのスタックが表示されました。任意のスタック(ここでは<書類>)をクリックします1。

4 スタックを開く

スタック内のファイルの一覧が表示されます。ダブルクリックして開くこともできます。スタックアイコンをクリックします1。

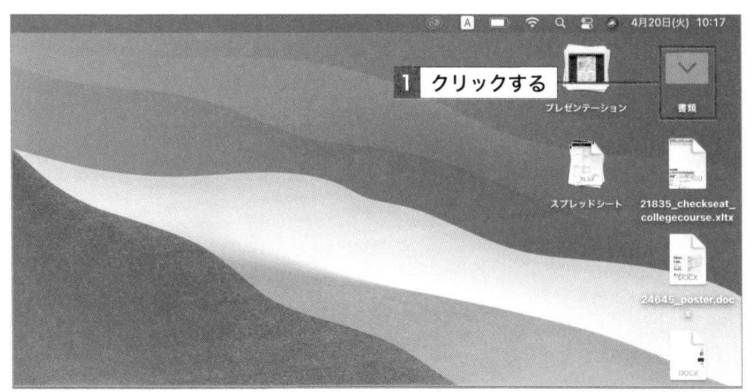

5 スタックに戻る

スタックに戻ります。スタックを解除するには、再度手順2の操作を行います。

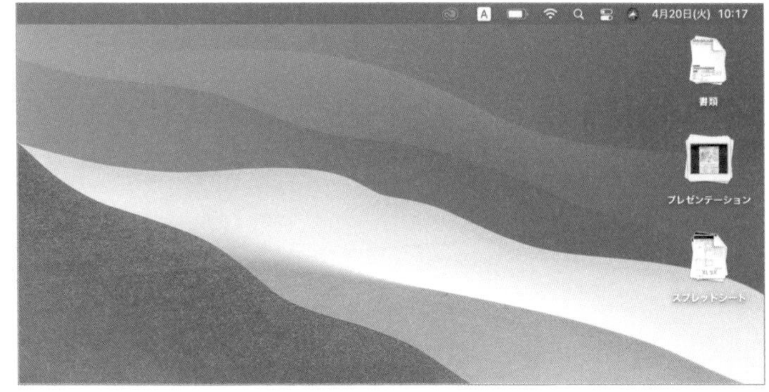

Memo スタックの整理方法を変更する

<表示>メニュー→<スタックのグループ分け>で、スタックをファイルの種類で整理できるほか、追加日や作成日などで整理することもできます。

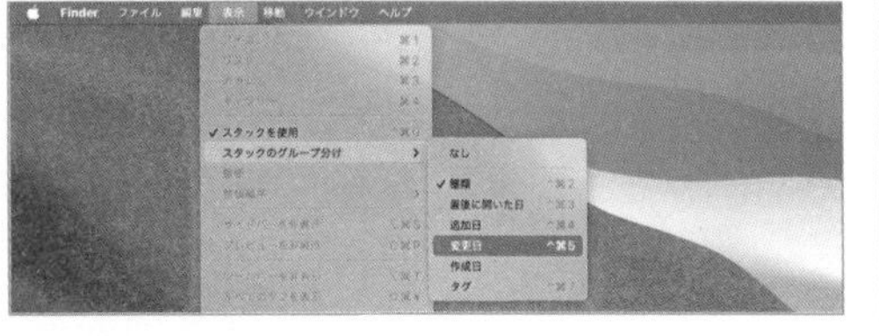

Memo スタック内をブラウズする

トラックパッドで2本指を使用してスタック上を左右にスワイプすると、スタック内のアイコンが次々に表示ます。

Siriで音声操作しよう

▼覚えておきたいキーワード
Siri
音声入力
Siriアイコン

Siriは、iPhoneにも搭載されている音声コントロールシステムです。音声だけでメモをとったり、天気を調べたりすることができます。ここでは、Siriの設定や使い方を紹介します。

1 Siriの設定を行う

1 システム環境設定を開く

Sec.06を参考にシステム環境設定を開き、<Siri>をクリックします1。

2 Siriの設定を行う

<"Siriに頼む"を有効にする>にチェックを入れ1、表示される画面で<有効にする>をクリックします2。

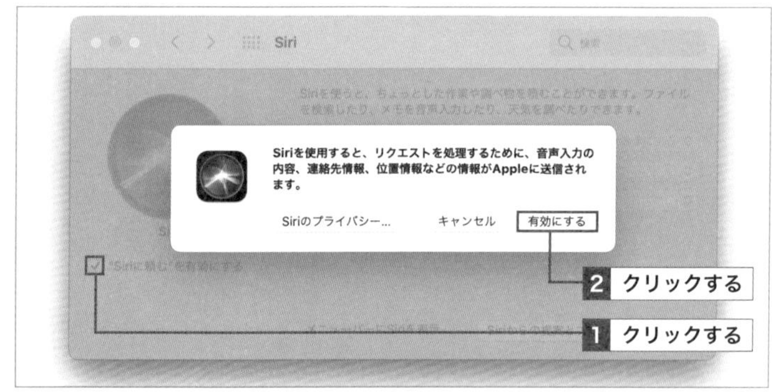

Memo 「"Hey Siri"を設定」画面が表示された場合

「"Hey Siri"を設定」画面が表示された場合、<続ける>をクリックすることで、自分の声を認識して"Hey Siri"としゃべりかけることでSiriが利用できるようになります。MacBookではあまり使い道はないと思われるので、無理に設定せず<キャンセル>をクリックしましょう。

2 Siriを使ってみる

1 Siriを起動する

ステータスメニューにSiriアイコンが表示されるようになるので、クリックします1。「ご用件は何でしょう?」→「話しかけてください。聞き取っています」と表示されます。

2 Siriが回答する

「今日の天気を教えて」と話しかけると今日の天気が表示されます。

Siriでできること

Siriでは、質問への受け答えのほか、アプリケーションの起動や本体の設定変更、ファイルの検索なども行えます。

Memo セキュリティとプライバシーの設定を変更

Siriで位置情報などのサービスを利用する場合、セキュリティとプライバシーの設定変更が必要になることがあります。Sec.06を参考に「システム環境設定」を開き、<セキュリティとプライバシー>をクリックして、<プライバシー>→<位置情報サービス>をクリックします。<位置情報サービスを有効にする>と<Siriと音声入力>の両方にチェックが入っている必要があるので、変更したい場合は、鍵マークをクリックして、MacBookにログインするパスワードを入力します。するとロックが解除されるので、両方のチェックボックスにチェックを入れます。

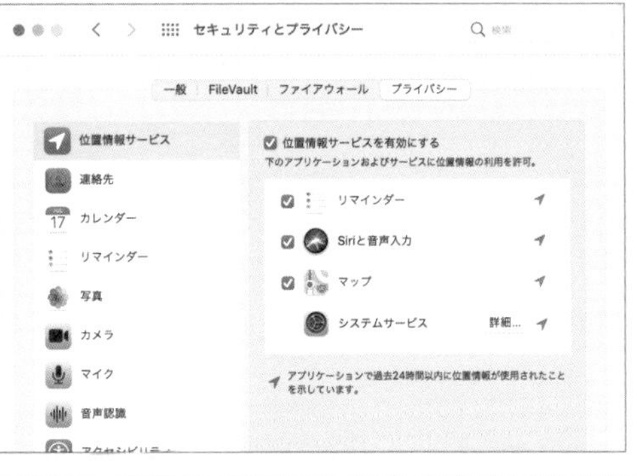

Section

82 AirDropで他のMacとファイルをやりとりしよう

▼覚えておきたいキーワード
AirDrop
ファイルを受け取る
検出可能な相手

近くのMacBook同士でファイルをやりとりする場合、AirDropを使うと便利です。USBメモリやケーブルなどのハードウェアが不要で、ワイヤレスによるファイル転送ができます。iPhoneとのやりとりも可能です。

1 AirDropでファイルを転送する

1 AirDropを表示する

FinderでAirDropをクリックします1。しばらく待つと、送信可能な相手が表示されます。

AirDropを利用するには

AirDropを利用するには、あらかじめBluetoothをオンにしておく必要があります。P.26を参考にオンにしてください。

2 送信したいファイルを送る

送信したいファイルやフォルダを相手のアイコンにドラッグ&ドロップし1、相手がファイルの受信を受け付けるとファイルが送信されます。

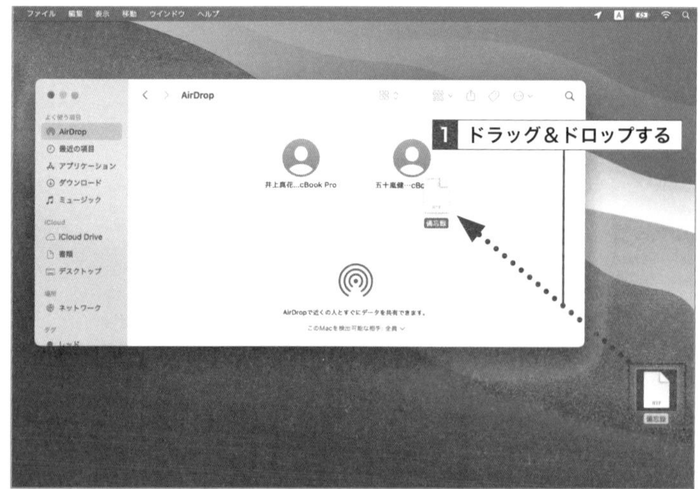

2 AirDropでファイルを受信する

1 待機しておく

P.204を参考にAirDropを使える状態にして待機します。ここでは、AirDropのウインドウを開いた状態で待機しています。

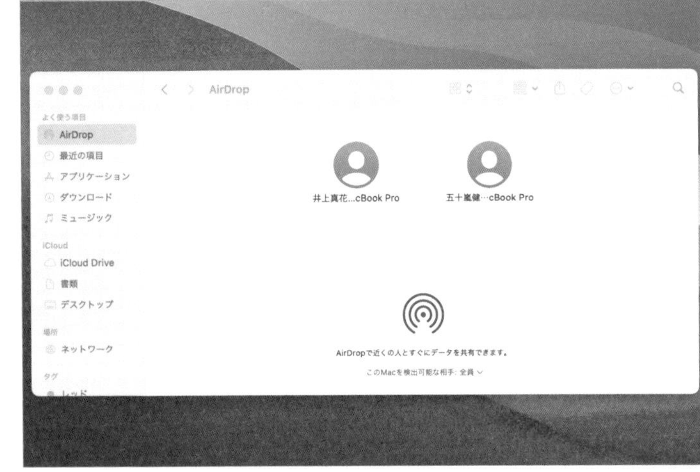

2 AirDropでファイルを受け取る

相手がファイルを送信しようとすると、図のようなウインドウが表示されるので、<受け付ける>をクリックします❶。しばらくするとファイルが受信され、ダウンロードフォルダに保存されます。

Memo AirDropの利用条件

AirDropでファイルをやりとりするには、相手の「このMacを検出可能な相手」が<連絡先のみ>もしくは<全員>になっている必要があります。<連絡先のみ>の場合は、iCloudに登録されている連絡先のデータにお互いが登録されている必要があります。相手が表示されない場合は、この設定を確認しましょう。

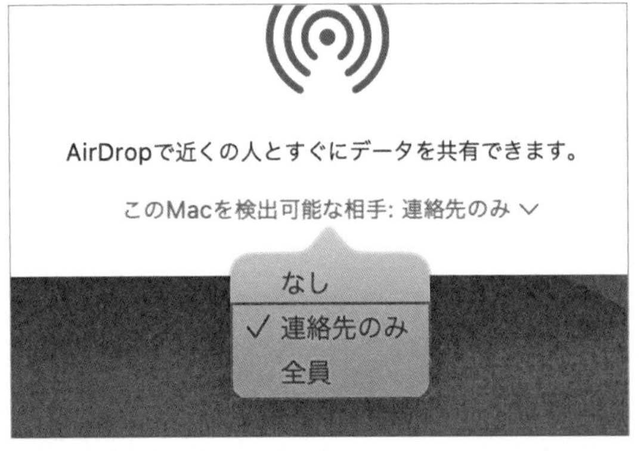

Section 83

共有フォルダでファイルをやりとりしよう

▼覚えておきたいキーワード
共有フォルダ
SMB
ファイル共有

ネットワークに接続されているパソコンとデータのやりとりをする場合、共有フォルダを使うと便利です。MacBookだけでなく、Windowsパソコンともデータをやりとりできます。

1 共有フォルダを設定する

1 システム環境設定を開く

Sec.06を参考にシステム環境設定を開き、<共有>をクリックします1。

2 <ファイル共有>をオンにする

「共有」画面が表示されるので<ファイル共有>にチェックを入れます1。アクセスするサーバのIPアドレスが表示されるので2、メモしておきます。

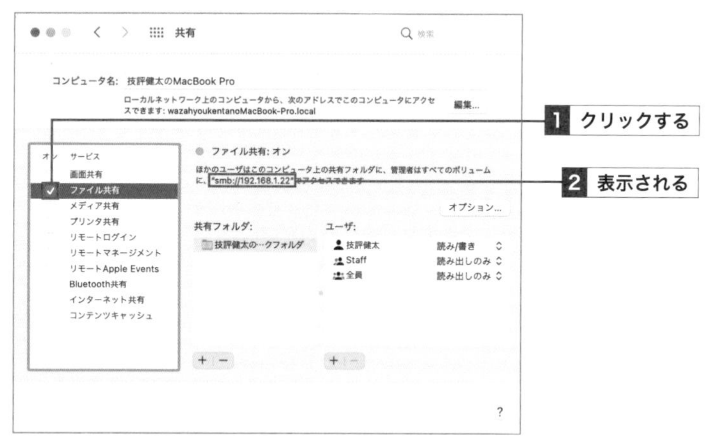

Key Word IPアドレス

IPアドレスとは、ネットワークに接続している端末に割り振られている番号のことです。ネットワーク経由でファイルや情報をやりとりする際にはIPアドレスが必要となります。

2 アクセスできるユーザを追加する

1 ＜＋＞をクリックする

共有フォルダにアクセスするためのユーザ名とパスワードを設定します。P.206手順2の画面で＜＋＞をクリックします1。

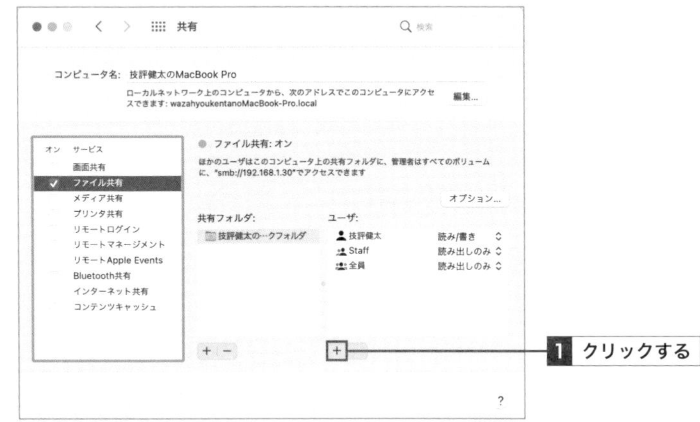

2 ユーザを選ぶ

＜ユーザとグループ＞をクリックし1、アクセスを許可する人をクリックして2、＜選択＞をクリックします3。あらかじめ、Sec.96を参考に共有フォルダアクセス用のユーザを作っておくとよいでしょう。

3 パスワードを設定する

共有フォルダにアクセスするためのパスワードを求められた場合は2回入力し1、＜アカウントを作成＞をクリックします2。

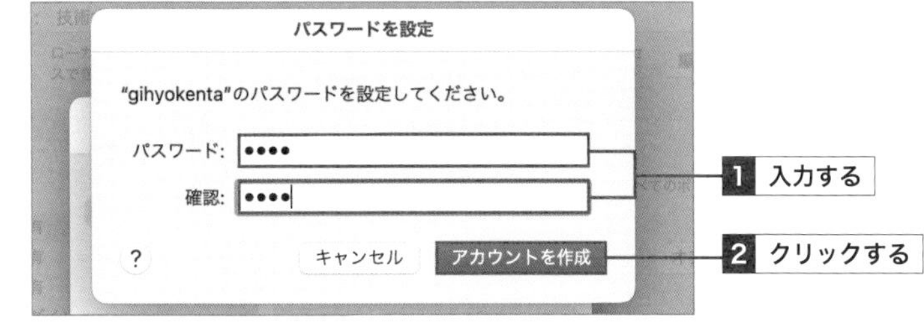

Memo Windowsからアクセスできるようにする

Windowsからアクセスできるようにするには、「共有」画面で＜オプション＞をクリックし、＜SMBを使用してファイルやフォルダを共有＞にチェックを入れます。また、その下の「Windowsファイル共有」で手順2で設定したユーザにチェックを入れ、パスワードを入力します。続いて、システム環境設定の「ネットワーク」で現在接続している接続の＜詳細＞をクリックし、＜WINS＞をクリックしてWindowsで使用しているワークグループ名を入力します。

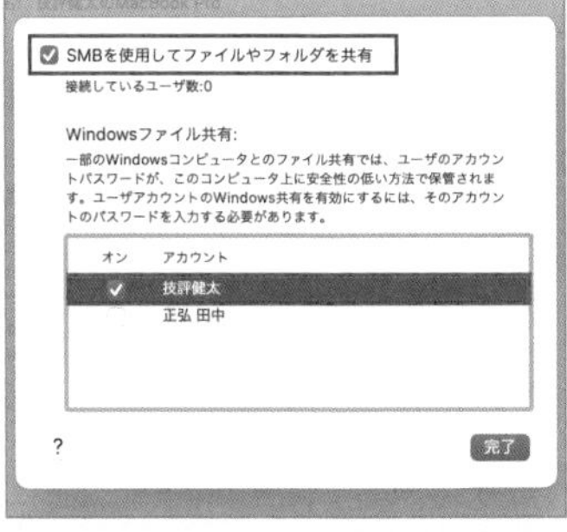

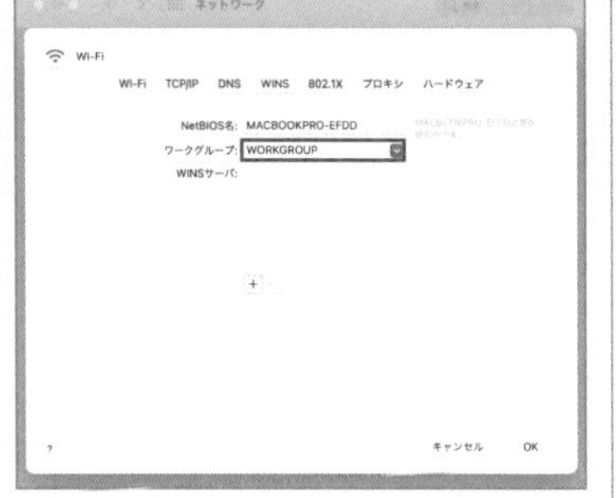

3 共有したフォルダにアクセスする

1 メニューを表示する

接続するMacBookで、「Finder」アプリの＜移動＞メニューをクリックし❶、＜サーバへ接続＞をクリックします❷。

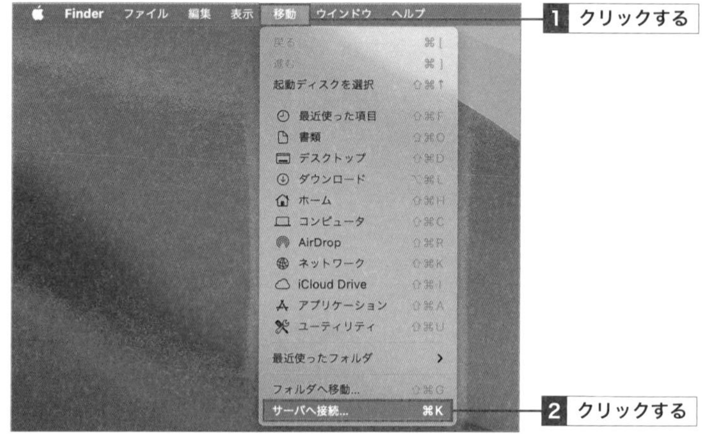

2 IPアドレスを入力する

P.206手順2で表示されたIPアドレスを入力し❶、＜接続＞をクリックします❷。

3 共有フォルダに接続する

図のような画面が表示されたら＜接続＞をクリックします❶。

4 ユーザの入力画面が開く

＜登録ユーザ＞をクリックし❶、P.207で設定したユーザ名とパスワードを入力して❷、＜接続＞をクリックします❸。

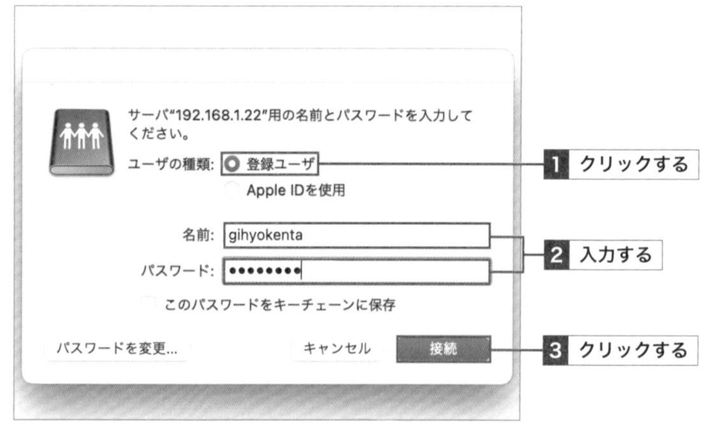

5 フォルダを選ぶ

接続するフォルダを選択します。ここでは、＜技術健太のパブリックフォルダ＞をクリックし❶、＜OK＞をクリックします❷。

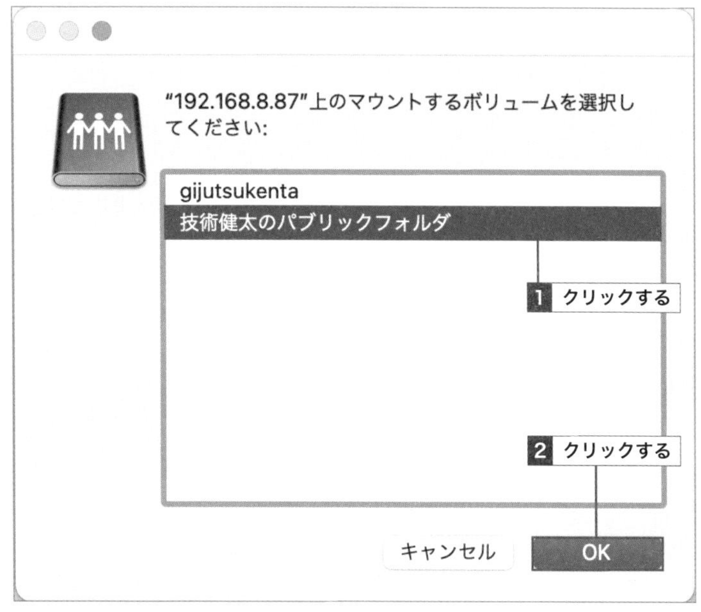

6 ファイルのやりとりを行う

ファイル共有に設定したフォルダにアクセスできます。通常のフォルダ同様にファイルのやりとりができます。

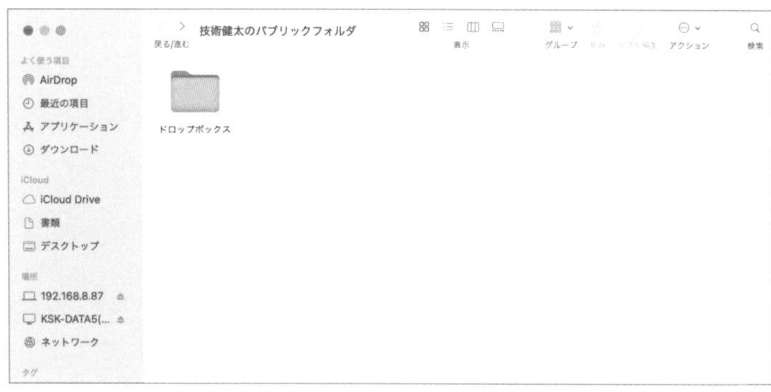

Memo 共有フォルダの場所

共有する側での共有フォルダの場所は初期状態では＜ホーム＞→＜パブリック＞にあります。「共有」画面の「共有フォルダ」で表示されているフォルダを副ボタンクリックし＜Finderに表示＞をクリックして開くこともできます。
また、共有フォルダを追加する場合は、「共有フォルダ」の下の＜＋＞をクリックします。

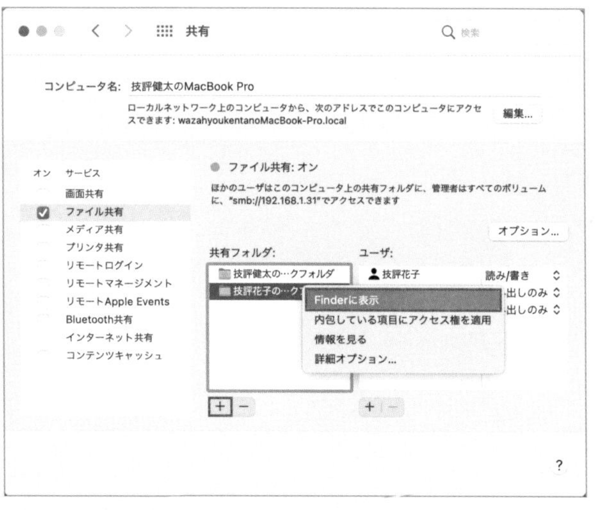

Section 84

ファイルやアプリケーションを検索しよう

▼覚えておきたいキーワード
Spotlight
検索結果
インデックス

MacBookに保存されているファイルやアプリケーションを検索するにはSpotlightを使います。Webの検索サイトのようにキーワードを入力するだけで、かんたんに調べられます。

1 ファイルを検索する

1 Spotlightを起動する

ステータスメニューの🔍をクリックすると**1**、Spotlightの検索画面が表示されます**2**。

Memo ショートカットキーでの表示

command キー＋スペースキーを押すことでも、Spotlightの検索画面を表示することができます。

2 検索結果が表示される

検索したいキーワードを入力すると**1**、ファイルやフォルダ、Webページ、メールなどさまざまなカテゴリーでの検索結果が表示されます。ダブルクリックすることで、表示したり関連するアプリケーションを起動したりすることができます。

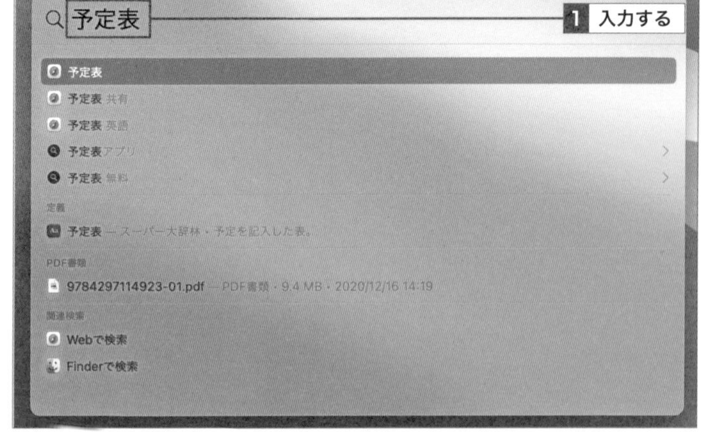

2 Spotlightでいろいろな検索をする

1 連絡先を検索する

人の名前を入力すると❶、連絡先に登録している人を検索することができます。

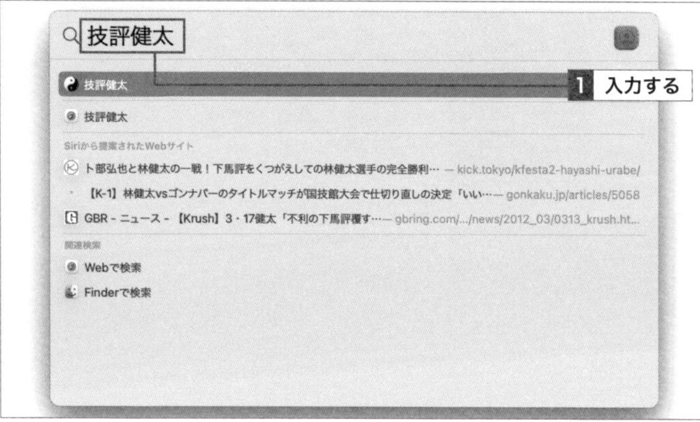

2 Webページを検索する

調べたいキーワードを入力すると❶、関連するWebページにアクセスできます。

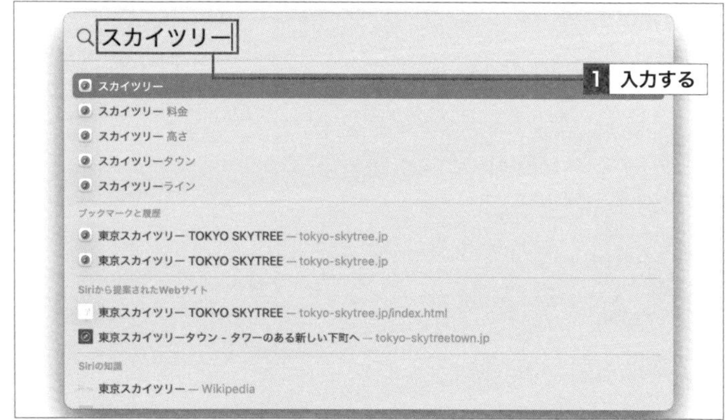

3 アプリケーションを検索する

アプリケーション名を入力すると❶、インストールされているアプリケーションを検索できます。アイコンをクリックするとアプリケーションが起動します。

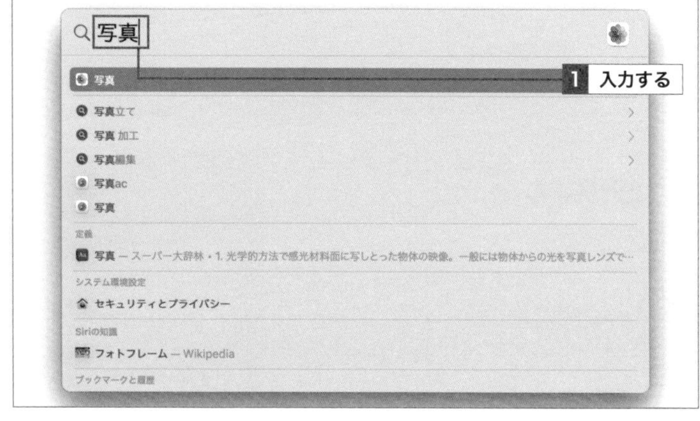

Memo 検索に時間がかかる場合

MacBookを初めて起動したときには、Spotlightでうまく検索できない場合があります。これは、Spotlightのインデックスが作成されていないためです。MacBookを起動したままにしておけば、Spotlightのインデックスが作成され、すばやく検索できるようになります。

Section 85

スクリーンショットを撮ろう

▼覚えておきたいキーワード
スクリーンショット
ショートカットキー
タイマー

MacBookでは、ショートカットキーで画面の状態をそのまま画像として保存するスクリーンショット機能があります。「スクリーンショット」アプリを使うと、さまざまな方法でクリーンショットを撮ることが可能です。

1 ショートカットキーでスクリーンショットを撮る

1 ショートカットキーを押す

スクリーンショットを撮りたい画面で command キーと Shift キーを押しながら 3 キーを押すと、デスクトップにスクリーンショットのファイルが作成されます1。

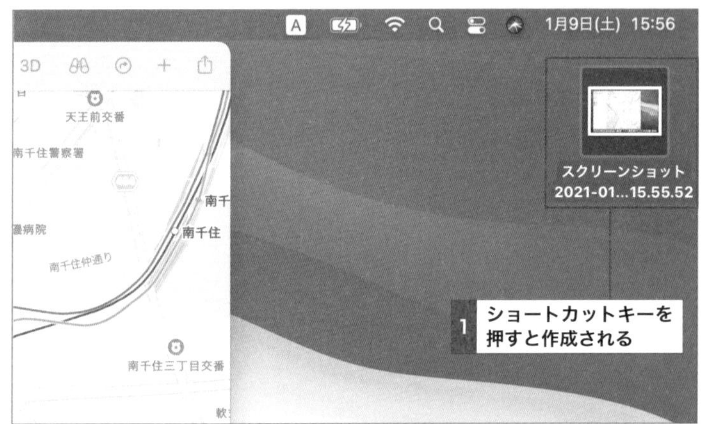

2 「スクリーンショット」アプリでスクリーンショットを撮る

1 「スクリーンショット」アプリを起動する

Launchpadの「その他」フォルダから<スクリーンショット>アイコンをクリックします1。

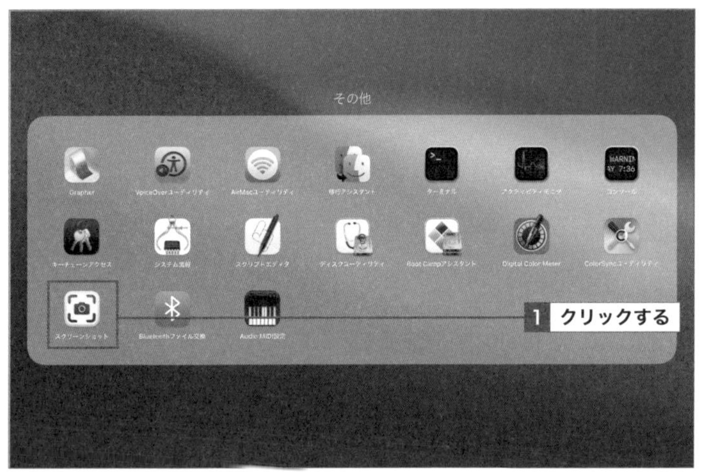

2 ツールが表示される

画面下にスクリーンショットを撮るためのツールが表示されます。この画面は、command キーと Shift キーを押しながら 5 キーを押すことでも表示されます。

3 ボタンをクリックする

スクリーンショットを撮りたいウインドウを表示し、左から2番目の<選択したウインドウを取り込む>ボタンをクリックします1。

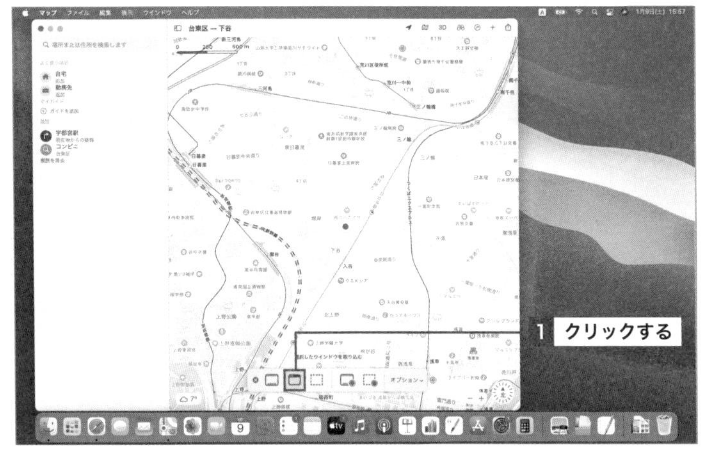

4 ウインドウを選択する

スクリーンショットを撮りたいウインドウをクリックすると1、そのウインドウのスクリーンショットが保存されます。

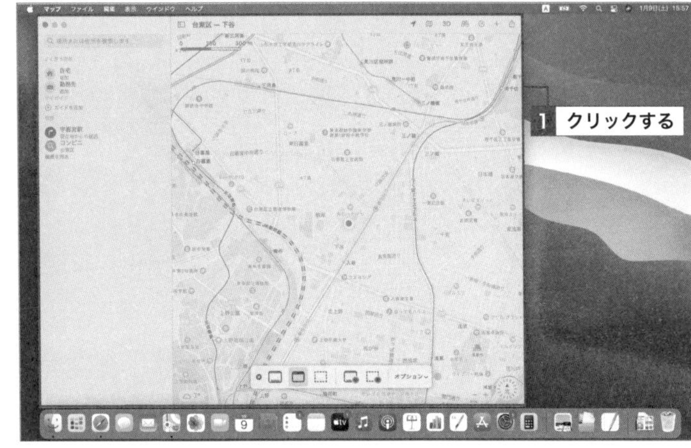

Memo 「スクリーンショット」アプリのツールの機能

「スクリーンショット」アプリでは、画面全体や特定のウインドウ、特定範囲のスクリーンショットが撮れるほか、動画での収録や、保存先の変更、タイマー設定、マウスポインタ表示の有無の切り替えなどが可能です。

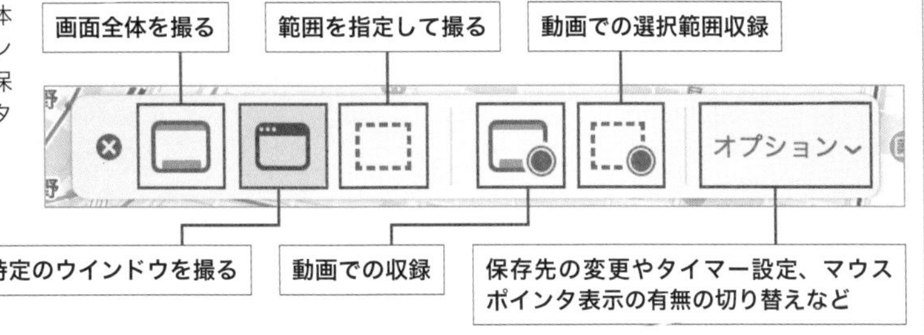

プレビューを便利に使おう

▼覚えておきたいキーワード
プレビュー
写真
PDF

「プレビュー」アプリを使うことで、写真を表示するだけでなく、トリミングしたり修整したりすることができます。また、PDFも表示だけでなく注釈を追加したりページの結合や削除などが行えます。

1 写真をプレビューで編集する

1 写真を表示する

Finderで写真のファイルをダブルクリックすると、プレビューで表示されます。別のアプリで表示される場合は、Sec.23を参考に、写真をクイックルックで表示し、<“プレビュー”で開く>をクリックします1。

2 プレビューで表示する

写真が「プレビュー」アプリで表示されていることを確認し、<ツール>メニュー→<カラーを調整>をクリックします1。

3 カラーを調整する

＜カラーを調整＞パネルが表示されるので、各パラメータをドラッグして調整を行います。

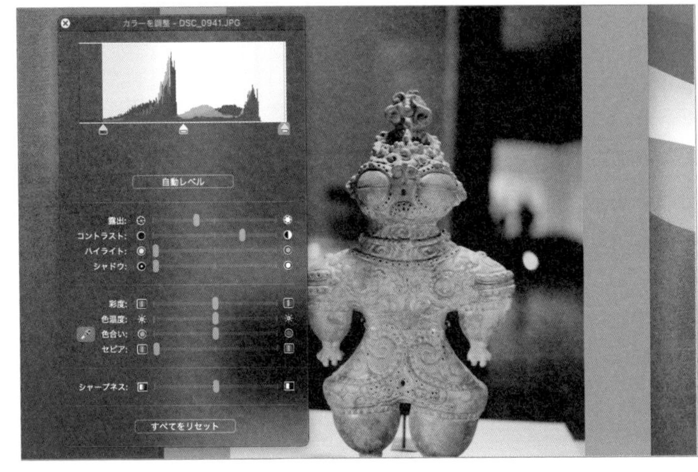

2 PDFをプレビューで編集する

1 PDFをプレビューで表示する

写真と同様の方法でPDFファイルを「プレビュー」アプリで表示します。＜マークアップツールバーを表示＞Ⓐをクリックします1。

2 PDFに書き込む

マークアップツールバーが表示されます。＜スケッチ＞をクリックすることで1、PDFに直接書き込むことができます。そのほか、画面左のページのサムネイルでページの結合や削除、順序の入れ替えなどが可能です。

Section 87 アプリケーションからの通知を止めよう

▼覚えておきたいキーワード
通知
システム環境設定
おやすみモード

画面右上に表示されるアプリケーションからの通知は便利な機能ではありますが、数が多いと煩わしく感じることがあります。そのような場合は、通知を止めたり、夜間は通知しないように設定したりしましょう。

1 アプリケーションからの通知を止める

1 システム環境設定を開く

Sec.06を参考にシステム環境設定を開き、<通知>をクリックします❶。

2 通知の設定を変更する

通知を止めたいアプリケーションをクリックし❶、「通知スタイル」の<なし>をクリックします❷。通知センターへの表示や通知音などが不要な場合は、必要に応じてその下のチェックボックスのチェックを外します❸。

通知を完全に止める

アプリケーションからの通知を完全に止めたい場合は、手順2の画面で<通知の許可>をオフにします。

2 おやすみモードを設定する

1 ＜おやすみモード＞をクリックする

P.216手順2の画面で＜おやすみモード＞をクリックします1。

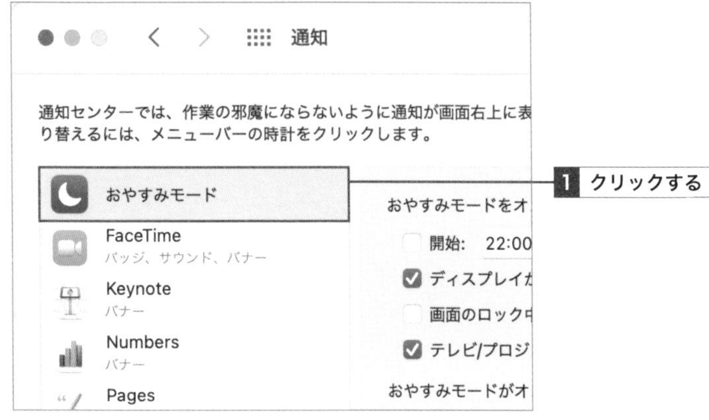

2 おやすみモードの時間を設定する

「開始」の左横にあるチェックボックスにチェックを入れ1、おやすみモードをオンにする時間帯を設定します2。おやすみモードを設定している時間帯には、通知が届かなくなります。

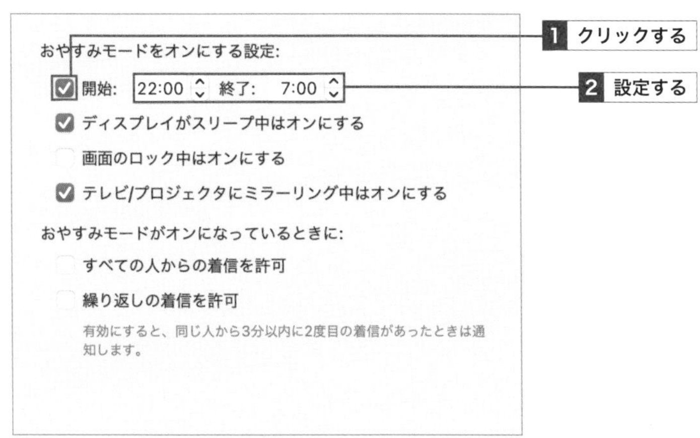

Memo 通知の方法

アプリケーションからの通知には、「バナー」と「通知パネル」の2種類があります。バナーは一定時間後に消えますが、通知パネルは操作を行わないと消えません。

Hint コントロールセンターでのおやすみモードの切り替え

コントロールセンターには、おやすみモードのオン／オフを切り替えるスイッチがあります。設定した時間でなくても通知が来ないようにしたい場合は、ここから直接おやすみモードにすることで通知が届かなくなります。

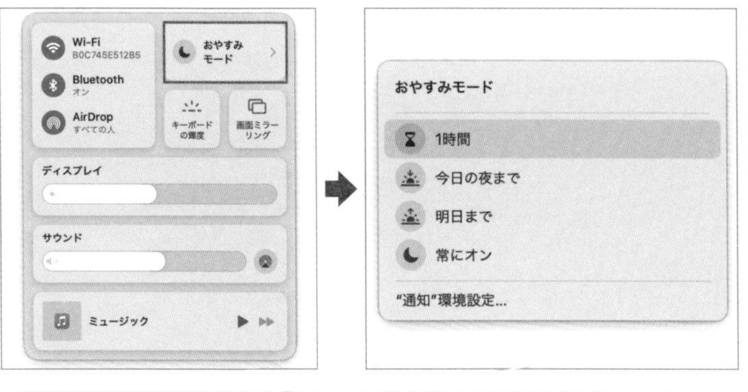

Section 88

Dockを カスタマイズしよう

▼覚えておきたいキーワード
Dock
アイコンサイズ
自動的に隠す

アプリケーションの起動に使うDockは、カスタマイズすることで自分好みの設定にすることができます。ここではDockのカスタマイズ方法について紹介します。

1 「Dockとメニューバー」画面を開く

1 システム環境設定を開く

Sec.06を参考にシステム環境設定を開き、<Dockとメニューバー>をクリックします1。

2 Dockの設定が開く

「Dockとメニューバー」画面が表示されます。この画面でDockをカスタマイズすることができます。

2 Dockをカスタマイズする

1 画面上の位置を変える

Dockは初期設定では画面下部に表示されますが、<画面上の位置>の設定を変更することで1、画面の左右にDockが移動します2。

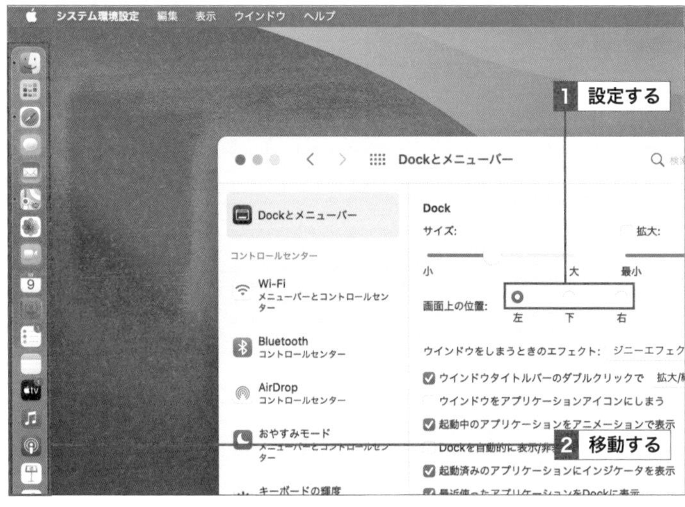

2 アイコンのサイズを変更する

サイズのスライダを左右にドラッグすることで1、Dockのアイコンサイズを変更できます。小さくすれば、より多くのアイコンを表示できるようになります。

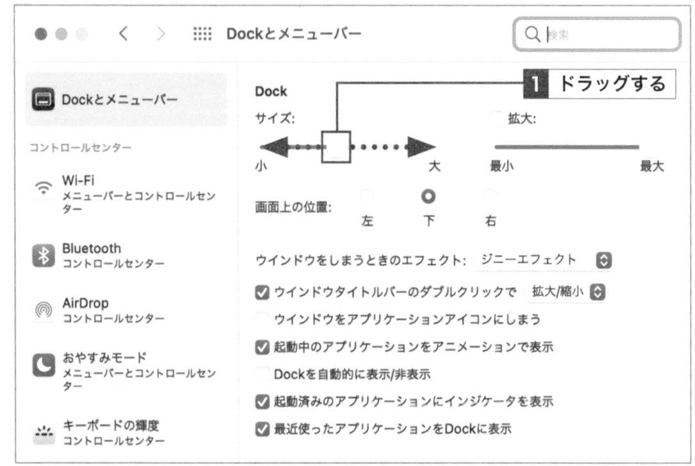

3 Dockを自動的に隠す

画面のサイズが小さいMacBookではディスプレイに表示できる項目が限られます。<Dockを自動的に表示/非表示>にチェックを入れると1、ふだんはDockが隠れますが、マウスカーソルを近づけるとDockが自動的に表示されるようになります。

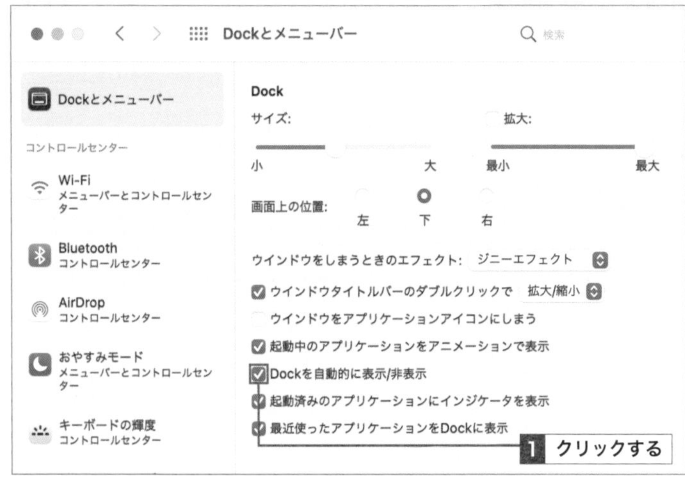

Section 89

Finderをカスタマイズしよう

▼覚えておきたいキーワード
カスタマイズ
タグ
サイドバー

Finderはタグの利用やサイドバーのカスタマイズで目的のフォルダにかんたんにアクセスできるようになります。ここでは、Finderのカスタマイズ方法を紹介します。

1 Finder環境設定を開く

1 Finderの環境設定を開く

Finderを開き、<Finder>メニューをクリックして1、<環境設定>をクリックします2。

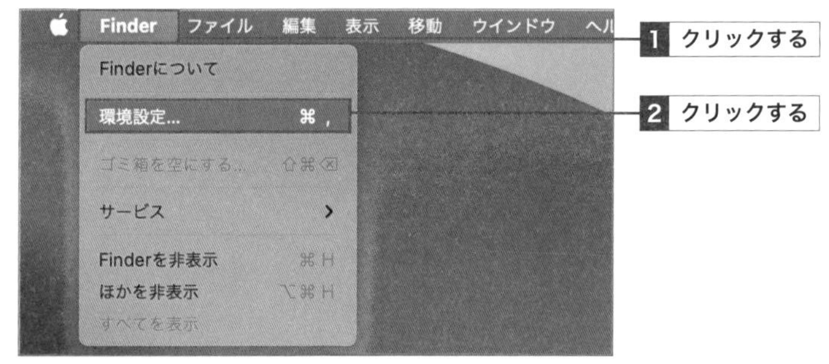

2 Finder環境設定が開く

「Finder環境設定」画面が表示されます。この画面からFinderのカスタマイズを行います。

Memo **デスクトップに表示する項目**

Finder環境設定の「デスクトップに表示する項目」で<ハードディスク>にチェックを入れると、macOSがインストールされているハードディスクのアイコンが表示されるようになります。ファイルの移動やコピーすることが多い場合、この設定をオンにしておくと、フォルダの移動操作が楽になります。

2 タグを利用する

1 サイドバーに表示する項目を選ぶ

Finder環境設定で＜タグ＞をクリックし1、サイドバーに表示しないタグを2回クリックしてチェックを外します2。よく使うタグだけ表示するようにすれば、アクセス性が高くなります。

2 フォルダにタグを付ける

Finderでタグを付けたいフォルダを副ボタンクリックし1、設定したいタグの色をクリックします2。

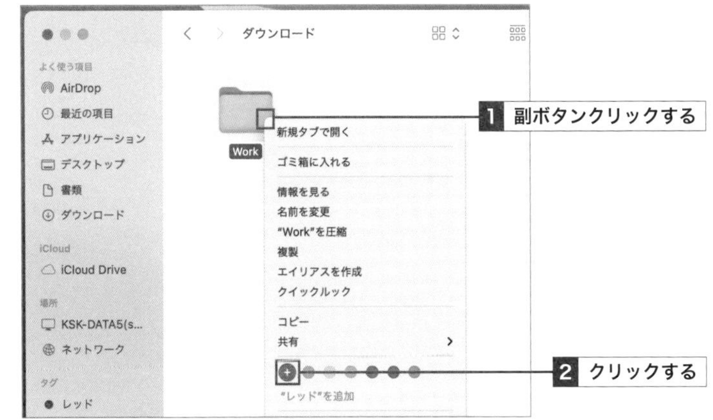

3 タグをクリックする

Finderのサイドバーで表示したい色のタグをクリックすると1、その色の付いたフォルダやファイルだけが表示されます2。

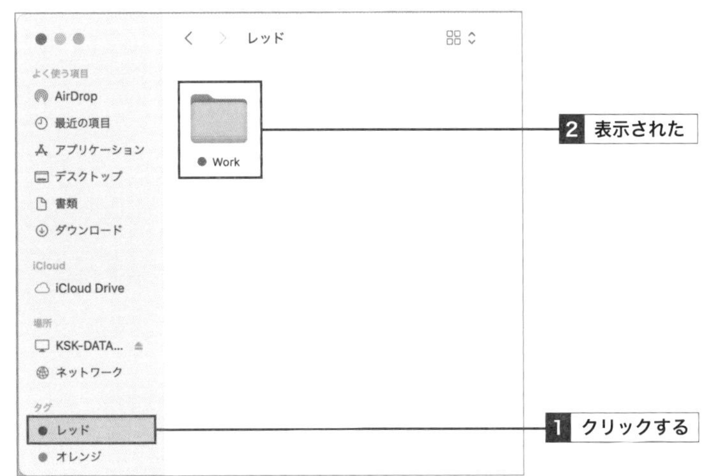

3 サイドバーをカスタマイズする

1 Finder環境設定画面を開く

Finder環境設定で<サイドバー>をクリックします1。

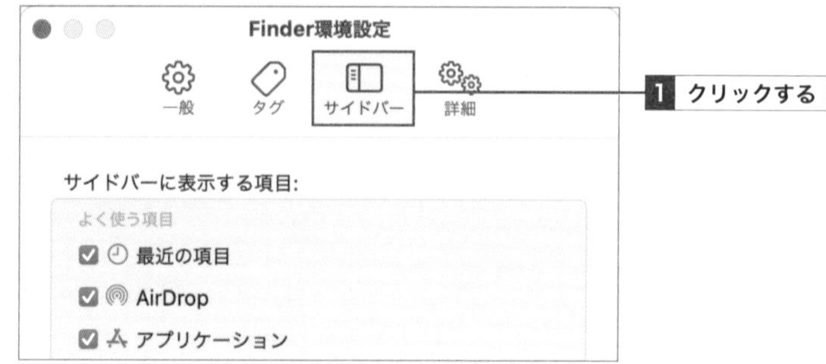

2 表示する項目を選ぶ

サイドバーに表示する項目を選択することができます。使う項目にチェックを入れて、使わない項目のチェックを外します1。

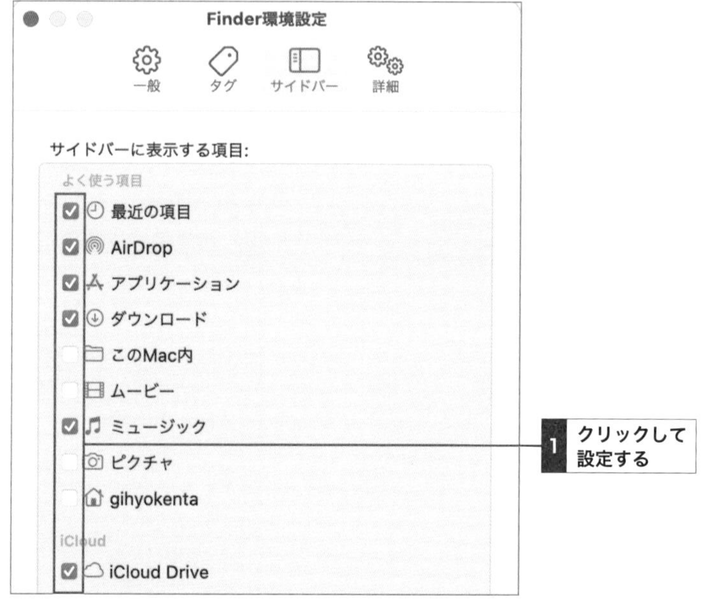

3 Finderで確認する

Finderを表示すると、サイドバーの項目が変更されていることがわかります。

4 サイドバーの表示／非表示を切り替える

1 サイドバーを非表示にする

Finderを起動し、＜表示＞メニューをクリックして❶、＜サイドバーを非表示＞をクリックします❷。

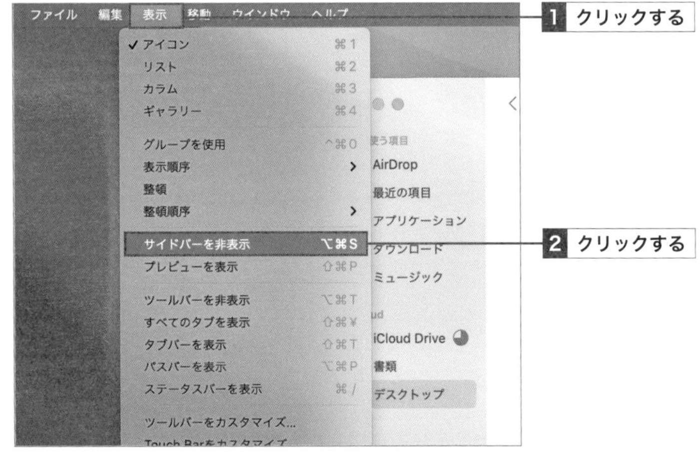

2 Finderを確認する

サイドバーが非表示になりました。表示できるウインドウが広がっています。

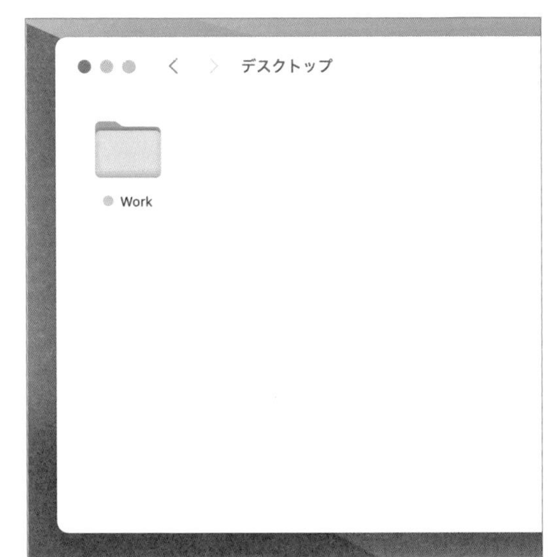

3 サイドバーを表示する

＜表示＞メニューをクリックして❶、＜サイドバーを表示＞をクリックすると❷、サイドバーがふたたび表示されます。

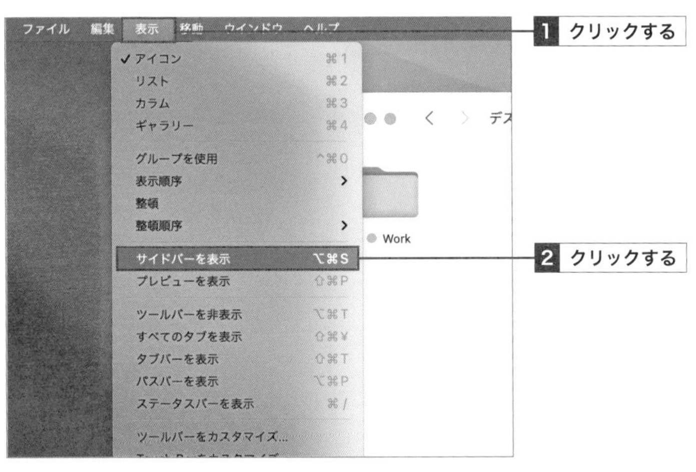

Section 90

トラックパッドをカスタマイズしよう

▼覚えておきたいキーワード
トラックパッド
ポイントとクリック
その他のジェスチャ

トラックパッドの操作をカスタマイズすることができます。入力するために使うデバイスなので、使い勝手に直接影響してきます。使いやすい設定を見つけてカスタマイズしていきましょう。

1 トラックパッドをカスタマイズする

1 システム環境設定を開く

Sec.06を参考にシステム環境設定を開き、＜トラックパッド＞をクリックします1。

2 トラックパッドの設定が開く

「トラックパッド」画面が表示されます。この画面でトラックパッドのカスタマイズを行います。

2 トラックパッドのカスタマイズ項目

1 ＜ポイントとクリック＞をカスタマイズする

＜ポイントとクリック＞をクリックすると1、強めのクリックや副ボタンクリックの挙動や操作方法をカスタマイズすることができます。

2 ＜スクロールとズーム＞をカスタマイズする

＜スクロールとズーム＞をクリックすると1、スクロールやズームの操作をカスタマイズできます。

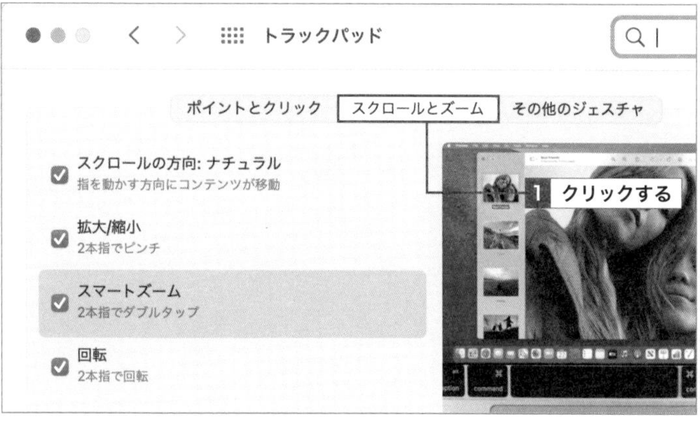

3 ＜その他のジェスチャ＞をカスタマイズする

＜その他のジェスチャ＞をクリックすると1、複数の指を利用したマルチタッチジェスチャのカスタマイズが行えます。

Memo プレビュー画面を参考にする

トラックパッドの設定画面でカスタマイズしたい項目にマウスポインターを合わせると、右のプレビュー画面に操作方法が動画で表示されます。これを参考にすると、より理解できるでしょう。

Section 91

Bluetooth対応の周辺機器を使おう

▼覚えておきたいキーワード
Bluetooth
周辺機器
ペアリング

MacBookではUSBだけでなくBluetooth対応の周辺機器を利用することができます。ここでは、Bluetooth対応ヘッドフォンを例に、MacBookとの接続方法を紹介します。

1 周辺機器をBluetoothで接続する

1 システム環境設定を開く

Sec.06を参考にシステム環境設定を開き、<Bluetooth>をクリックします1。

2 Bluetoothをオンにする

Bluetoothがオンになっていることを確認します1。オフになっている場合<Bluetoothをオンにする>をクリックします。

3 周辺機器とペアリングする

周辺機器のマニュアルを参照し、周辺機器をBluetoothで接続できる状態にします。しばらくすると、周辺機器が表示されるので、<接続>をクリックします1。

ペアリング

Bluetoohで互いに接続できる状態にすることをペアリングといいます。

4 周辺機器と接続される

周辺機器がMacBookと接続され利用できるようになりました1。

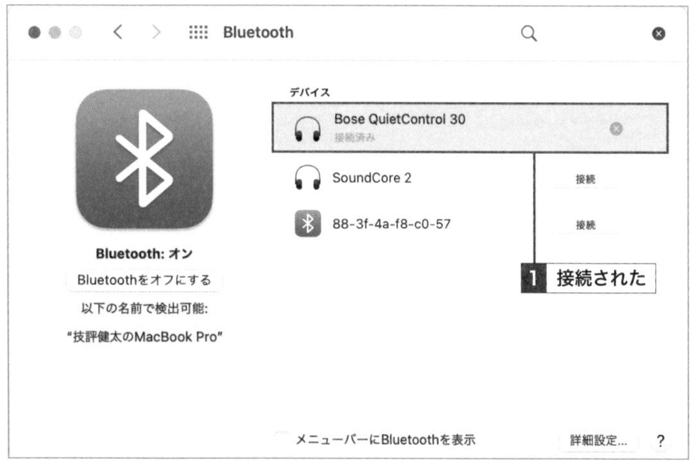

5 接続を解除する

周辺機器との接続を解除するには、解除する周辺機器を副ボタンクリックし1、<接続解除>をクリックします2。

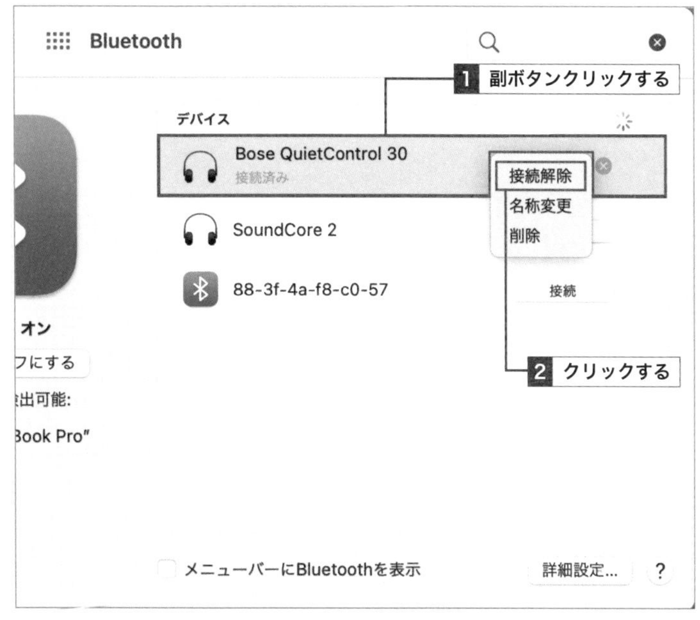

Section 92

指紋認証でロックを解除しよう

▼覚えておきたいキーワード
指紋認証
Touch ID
ロック解除

Touch IDを設定することで、スリープ解除するときなどのロック解除画面でパスワードを入力する代わりに、指紋認証でロック解除できるようになります。指紋は複数登録することも可能です。

1 Touch IDを設定する

1 システム環境設定を開く

Sec.06を参考に「システム環境設定」を開き、<Touch ID>をクリックします1。

2 <指紋を追加>をクリックする

<指紋を追加>をクリックします1。

3 パスワードを入力する

アカウントのパスワードを入力して1、<OK>をクリックします2。

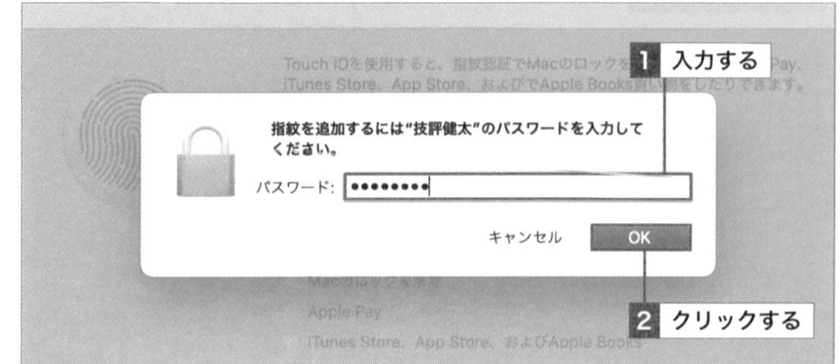

4 指紋を登録する

画面の指示に従って、指をTouch IDキーに当てて指紋を登録します。

5 指紋の登録が完了する

指紋の登録が完了したら、<完了>をクリックします1。

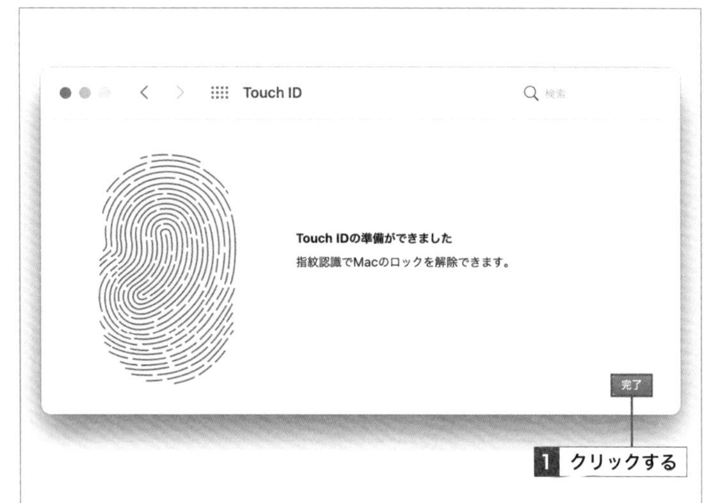

6 Touch IDを使用する項目を選択する

Touch IDを使用する項目にチェックを入れます1。チェックを入れた項目を利用する際、登録した指をTouch IDキーに当てることで指紋認証が行われ、ユーザ名やパスワードの入力を省略することができます。

Section 93

Touch Barを使おう

▼覚えておきたいキーワード
Touch Bar
ファンクションキー
カスタマイズ

MacBook ProにはTouch Barを搭載したモデルがあります。Touch Barは実行中のアプリケーションや操作に応じて、ショートカットやコントロールボタンが表示されます。ここではTouch Barの使い方を紹介します。

1 Touch Barを使う

ファンクションキーを表示する

Touch Barは、起動しているアプリケーションや操作などによって、表示が自動的に変わります。fnキーを押したままにすると、ファンクションキーが表示されます。

メールを起動したときのTouch Bar

「メール」アプリを起動すると、Touch Barの表示はこのように変わります。メールの作成や返信、アーカイブなどの操作ができます。

Safariを起動したときのTouch Bar

Safariを起動すると、「お気に入り」のブックマークがTouch Barに表示されます。

Memo Touch Barをカスタマイズする

Touch Bar対応のアプリケーションを起動し、<表示>メニューをクリックして<Touch Barをカスタマイズ>をクリックします。ディスプレイにカスタマイズできる項目が表示されるので、使う項目は画面下部にドラッグし、削除する項目はTouch Barから上にドラッグします。カスタマイズが完了したら<完了>をクリックします。

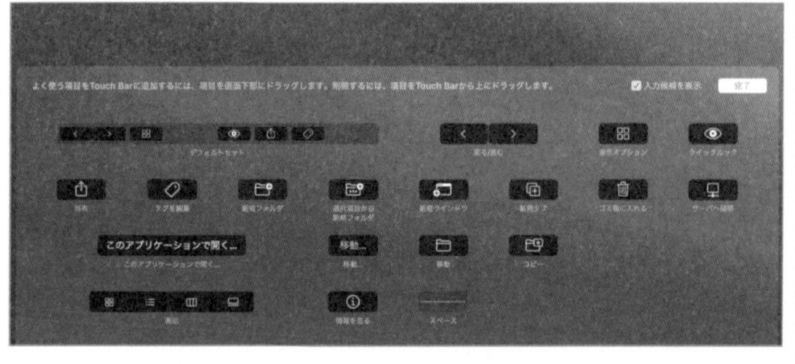

Chapter 08

第 8 章

MacBookのQ&A

Section 94 アプリケーションが起動しなくなったら？

▼覚えておきたいキーワード
強制終了
再起動
Appleメニュー

MacBookを使っていると、アプリケーションが起動しなくなったり、終了しなくなったりすることがあります。MacBookの動作がおかしくなってきたら、アプリケーションを終了したり、本体を再起動したりしてみましょう。

1 アプリケーションを強制終了する

1 Appleメニューを表示する

MacBookの動作が不安定になってきたら、使っていないアプリケーションを終了してみましょう。アプリケーションが終了しない場合は、をクリックし1、＜強制終了＞をクリックします2。

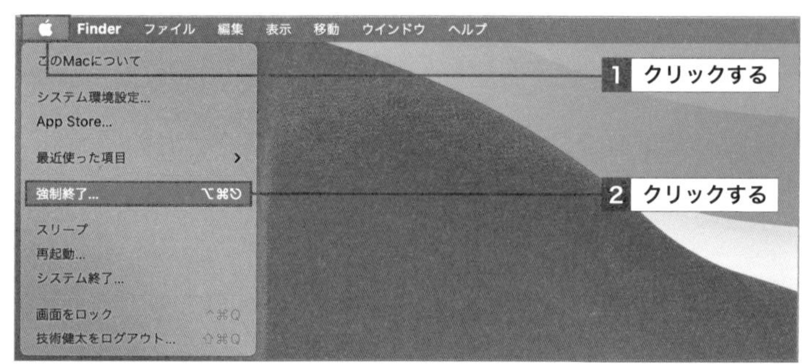

2 強制終了するアプリケーションを選択する

強制終了するアプリケーションをクリックし1、＜強制終了＞をクリックします2。

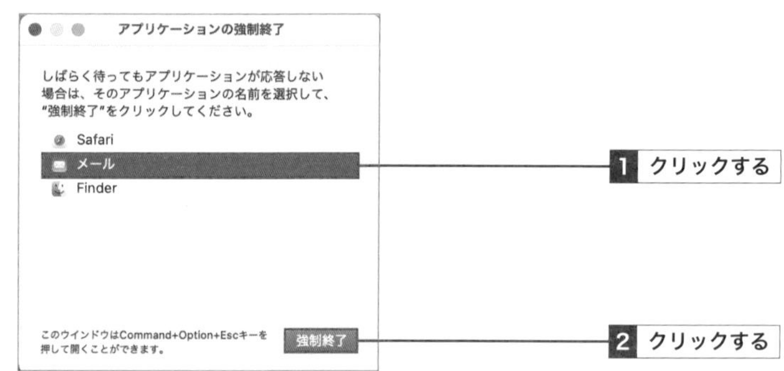

3 強制終了する

強制終了すると保存していないデータなどは消えてしまうので、確認画面が表示されます。＜強制終了＞をクリックすると1、アプリケーションが強制終了します。

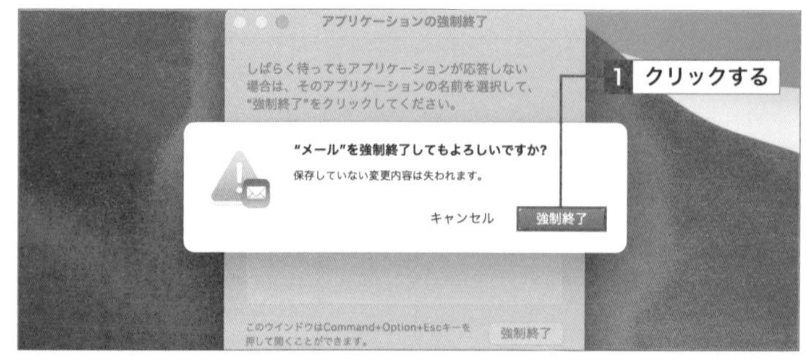

2 Finderを再起動する

1 Finderを強制終了する

アプリケーションを強制終了してもまだMacBookの動作が不安定な場合は、Finderを強制終了してみましょう。デスクトップの何もない箇所をクリックし1、 をクリックします2。shift キーを押しながら<Finderを強制終了>をクリックすると3、Finderが再起動します。

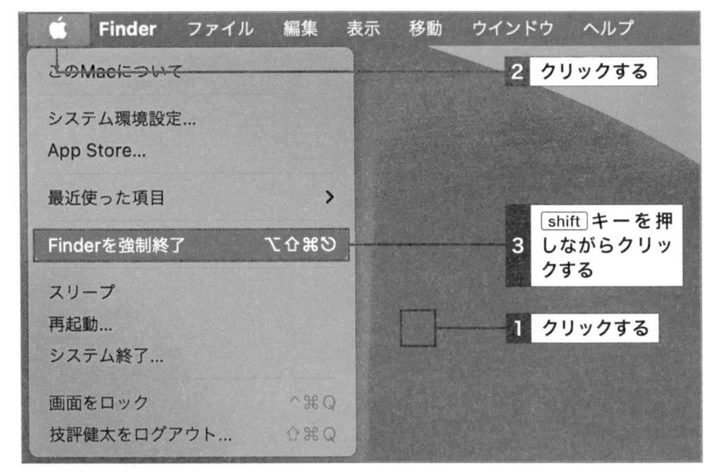

3 MacBookを再起動する

1 MacBookを再起動する

それでもMacBookが不安定な場合は、MacBookを再起動してみましょう。 をクリックし1、<再起動>をクリックすると2、MacBookが再起動します。

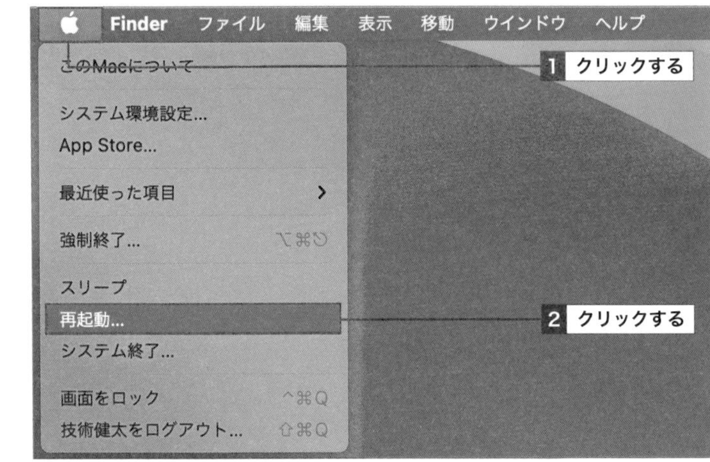

Memo Appleメニューからアプリケーションを強制終了

アプリケーションを起動した状態で をクリックして、shift キーを押すと、<強制終了>の表示が<○○を強制終了>に変わります。この項目をクリックすれば、該当のアプリケーションを強制終了できます。

Section 95

バッテリーを節約するには？

▼覚えておきたいキーワード
ディスプレイ
バッテリー
アクティビティモニタ

MacBookは電力を効率的に使用する設計になっています。そのため、バッテリーのみでも長時間駆動することができます。駆動時間をもっと延ばしたいという場合は、手動でバッテリーを節約する設定にしてみましょう。

1 ディスプレイを暗くする

1 システム環境設定を開く

ディスプレイを暗くするとバッテリーを節約できます。Sec.06を参考にシステム環境設定を開き、＜ディスプレイ＞をクリックします1。

2 ディスプレイの明るさを調整する

＜輝度＞スライダーをドラッグしてディスプレイの輝度を調節します1。暗くしたほうがバッテリーの消費を抑えることができます。

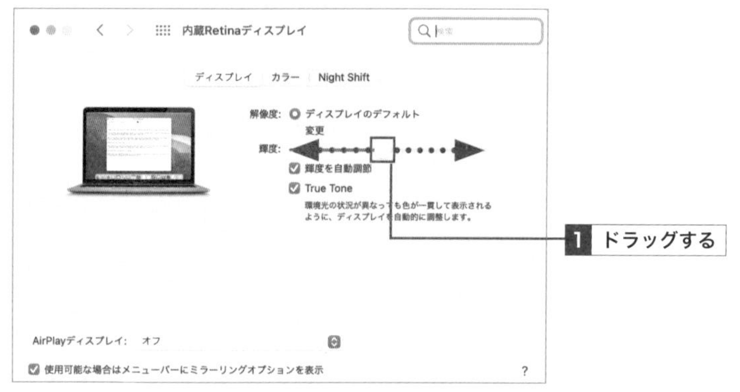

Memo 明るさの自動調整

＜輝度を自動調整＞にチェックを入れると、周りの明るさに応じて画面の明るさが自動的に設定されます。

2 ディスプレイがオフになるまでの時間を短くする

1 システム環境設定を開く

Sec.06を参考にシステム環境設定を開き、＜バッテリー＞をクリックします。＜バッテリー＞をクリックし**1**、＜ディスプレイをオフにする＞のスライダーをドラッグして**2**、ディスプレイがオフになるまでの時間を短くすることで、バッテリーの消費を抑えることができます。

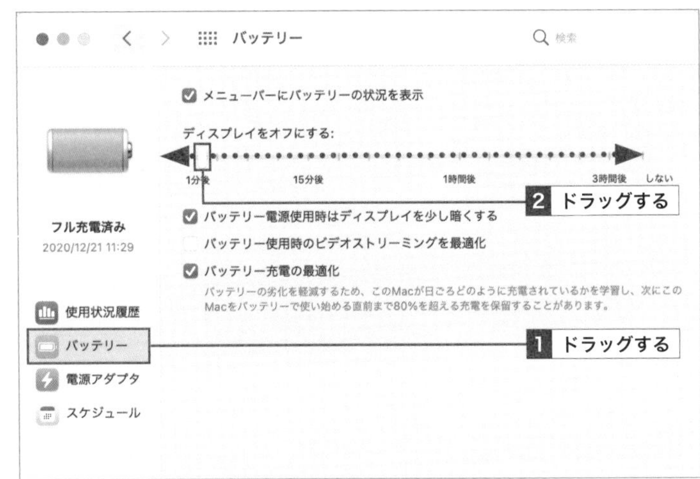

3 電力消費量が多いアプリケーションを確認する

1 アクティビティモニタを起動する

電力消費量が多いアプリケーションをの使用時間を減らすことで電力消費を抑えることができます。Launchpadから「その他」フォルダの＜アクティビティモニタ＞をクリックします**1**。

2 電力消費量を確認する

＜エネルギー＞をクリックし**1**、アプリケーションごとの電力消費量を確認します。＜エネルギー影響＞や＜12時間の電力＞の列をクリックすると**2**、電力消費が高い順に並びます。

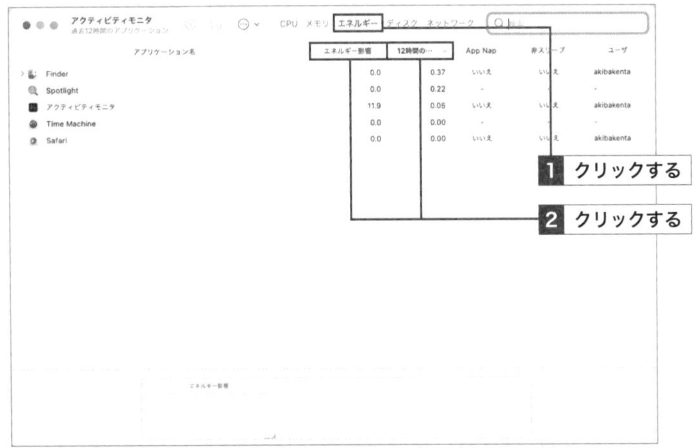

Hint ステータスメニューから電力消費量が大きいアプリケーションを確認

ステータスメニューにあるバッテリーアイコンをクリックすることでも、電力消費量が著しいアプリケーションを確認できます。

Section 96

複数のユーザでMacBookを使用するには？

▼覚えておきたいキーワード
ログイン
ユーザの追加
アカウント名

MacBookは使用するユーザごとに環境を切り替えて使うことができます。ログインするにはアカウント名とパスワードが必要なので、他のユーザが情報を盗み見ることもできません。ここでは、ユーザの作成方法を紹介します。

1 ユーザを追加する

1 システム環境設定を開く

Sec.06を参考にシステム環境設定を開き、<ユーザとグループ>をクリックします1。

2 鍵アイコンをクリックする

🔒をクリックし1、アカウントのパスワードを入力してユーザ設定を編集できるようにします。

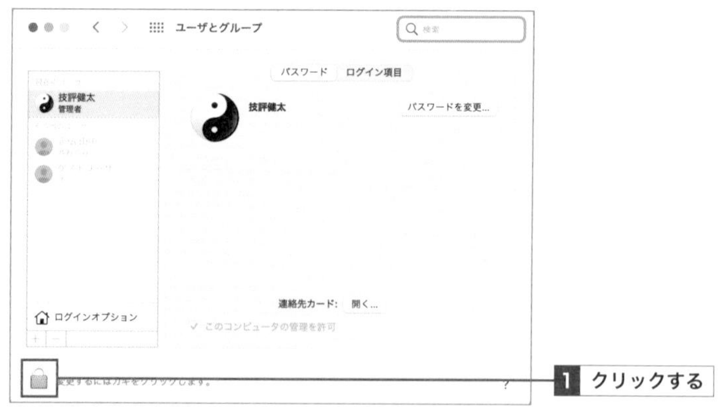

Memo 子どもが使う場合の設定

ユーザによっては操作を限定したい場合もあります。とくに子どものユーザを作るときには、Sec.97を参考にスクリーンタイムを有効にして使用制限を設定するようにしましょう。

3 ユーザを追加する

新規ユーザを追加するには、<＋>をクリックします1。

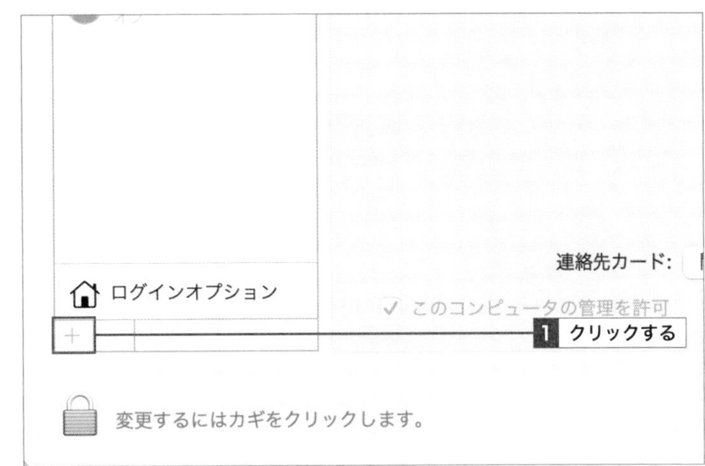

4 ユーザ情報を入力する

ユーザ名やアカウント名、パスワードなどを入力し1、<ユーザを作成>をクリックします2。

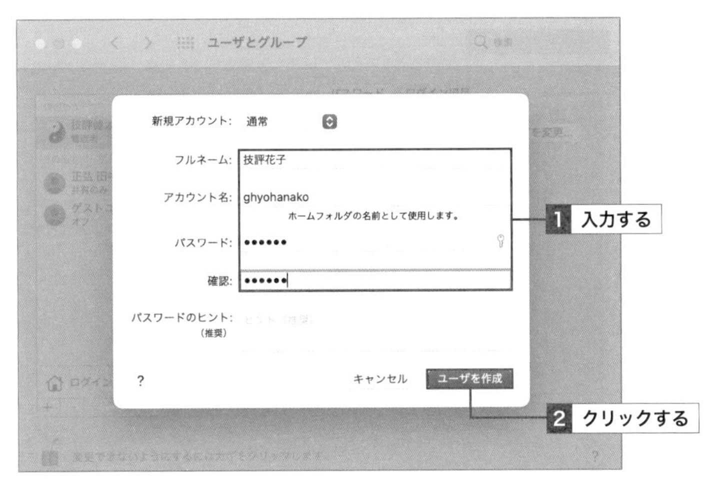

5 ユーザを確認する

ユーザが追加されたことを確認します1。ユーザを追加したら、ログイン画面からユーザを選択できるようになります。

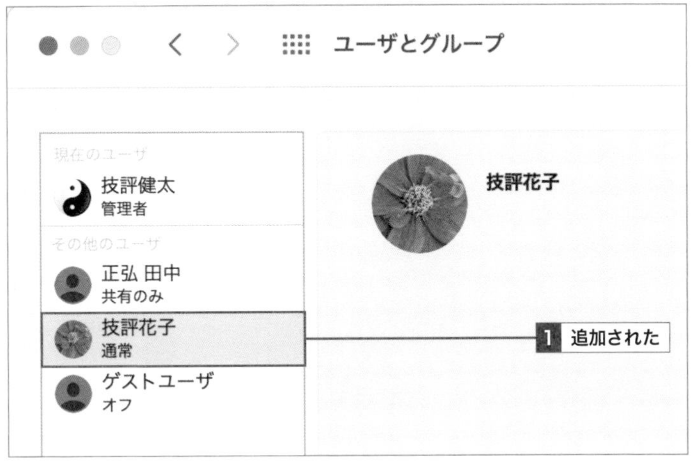

Hint ユーザの切り替えはステータスメニューからも可能

ステータスメニューに表示されているをクリックすることで、ユーザを切り替えることができます。

Section

97

利用できる時間や機能を制限するには？

▼覚えておきたいキーワード
スクリーンタイム
休止時間
週間レポート

スクリーンタイムでは、特定の時間帯に特定のアプリしか起動できないよう設定することができます。また、各アプリをどれくらい使用しているかなどの時間も確認できます。子どもが使用する際に制限したい場合に便利です。

1 スクリーンタイムを設定する

1 システム環境設定を開く

Sec.06を参考に「システム環境設定」を開き、＜スクリーンタイム＞をクリックします**1**。

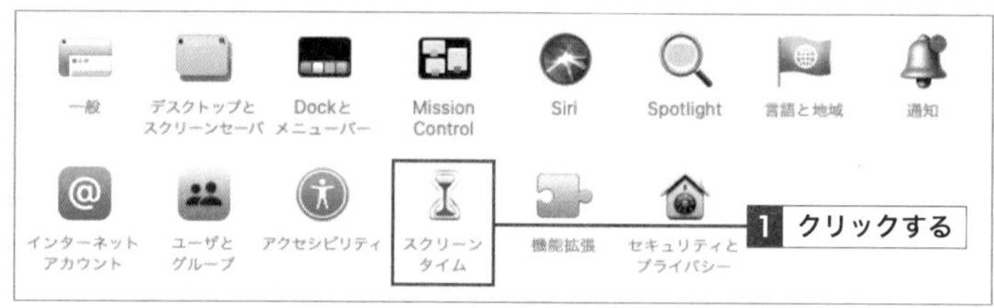

2 スクリーンタイムの画面が表示される

初回はスクリーンタイムの説明が表示されるので、＜続ける＞をクリックします**1**。

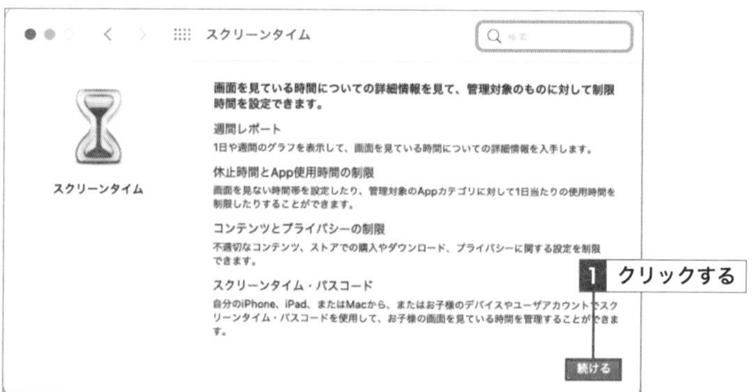

3 スクリーンタイムをオンにする

「スクリーンタイム」画面が表示されるので、＜オプション＞をクリックして**1**、＜オンにする＞をクリックします**2**。

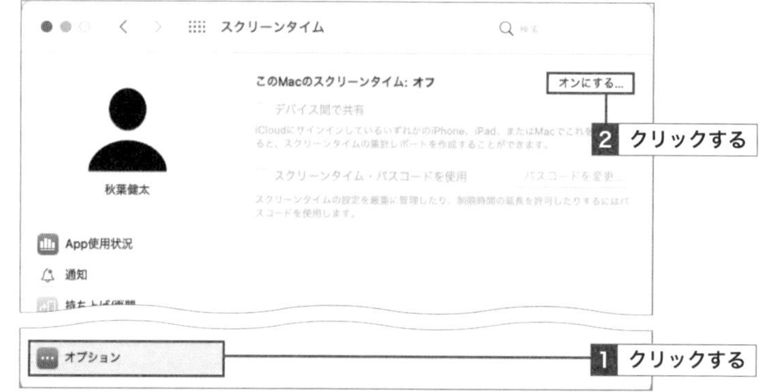

4 休止時間を設定する

MacBookを使用できない時間を設定する場合は、<休止時間>をクリックし1、<オンにする>をクリックして<オフにする>にし2、休止時間を設定します3。

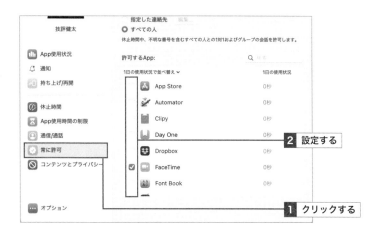

5 常に許可するアプリケーションを設定する

休止時間中も使用できるアプリケーションを設定するには、<常に許可>をクリックして1、許可するアプリケーションにチェックを入れます2。

6 コンテンツを制限する

子どもの使用の際にコンテンツの制限をしたい場合は、<コンテンツとプライバシー>をクリックし1、<オンにする>をクリックして<オフにする>にし2、必要な項目チェックを入れたり外したりします3。

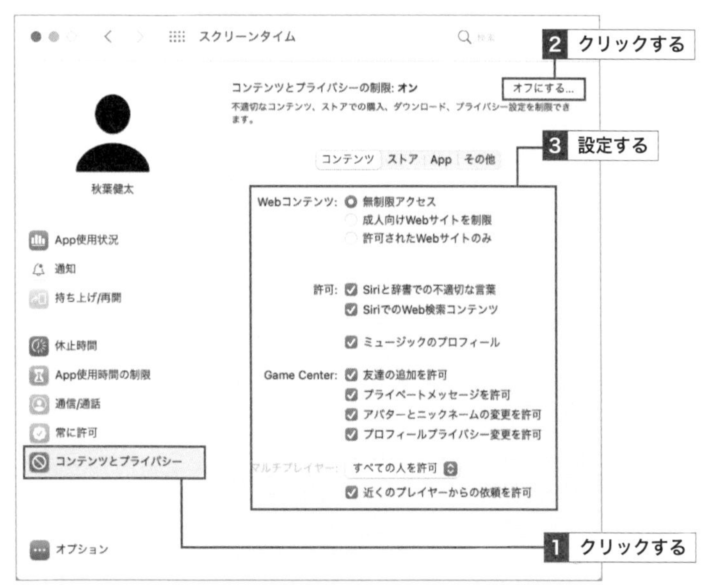

Memo アプリケーションの使用状況

「スクリーンタイム」画面で<App使用状況>をクリックすると、各アプリケーションの使用時間が表示されます。

Section 98

MacBookをなくしてしまったら？

▼覚えておきたいキーワード
Macを探す
iCloud
遠隔ロック

MacBookはどこにでも持ち歩けるため、うっかり紛失してしまう危険性もあります。もしなくしてしまった場合、あらかじめ設定しておけば、Web版のiCloudからMacBookのおおよその場所を調べることができます。

1 MacBookを探せるようにする

1 システム環境設定からiCloudを開く

Sec.06を参考にシステム環境設定を開き、<Apple ID>をクリックします**1**。

2 Macを探すをオンにする

<Macを探す>にチェックを入れます**1**。

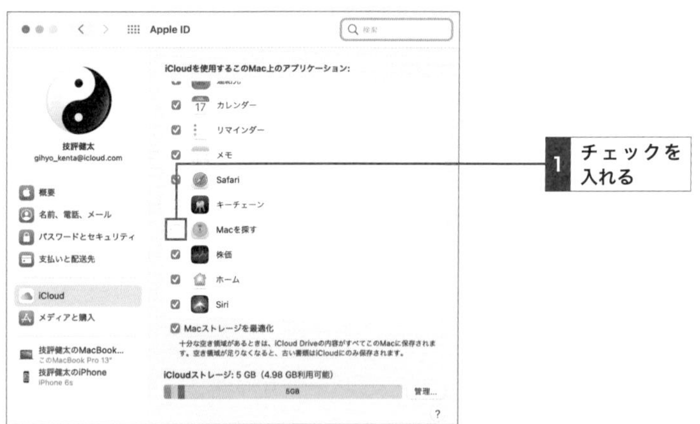

Memo MacBookを探すにはiCloudのサインインが必須

MacBookを探すにはiCloudのサービスを使用します。そのためiCloudでサインインしていなければMacBookを探すことができません。

2 MacBookを探す

1 Web版のiCloudにアクセスする

他のパソコンなどのWebブラウザでWeb版のiCloud(https://www.icloud.com/)にサインインし、<iPhoneを探す>をクリックします1。

2 探したいMacBookを選択する

すべてのデバイスをクリックし1、探したいMacBookをクリックします2。

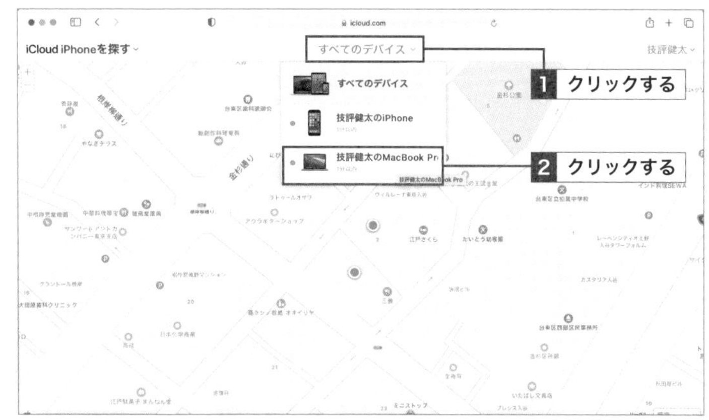

3 地図上に表示される

MacBookのおおよそ位置が地図上に表示されます。MacBookにはGPSがないため、最後に起動していたときの近くにあるWi-Fiアクセスポイントを参考にしています。

Memo 遠隔ロックやデータの完全消去も可能

画面右上の<ロック>や<Macを消去>をクリックすることで、MacBookを遠隔ロックしたり遠隔消去(すべてのデータを完全に消去)することもできます。MacBookを紛失した際は、セキュリティを確保するための最終手段としてこれらの機能を使ってもよいでしょう。

Section 99

バックアップを行うには？

▼覚えておきたいキーワード
バックアップ
TimeMachine
バックアップ先

MacBookにはTime Machineというバックアップ機能があります。外付けハードディスクやNASなどに自動でデータをバックアップすることが可能です。

1 Time Machineでバックアップをとる

1 システム環境設定からTime Machineを開く

あらかじめバックアップするハードディスクを接続し、Sec.06を参考にシステム環境設定を開き、<Time Machine>をクリックします1。

2 バックアップディスクを選ぶ

Time Machineの設定画面が開いたら、<バックアップディスクを選択>をクリックします1。

3 バックアップ先を選ぶ

バックアップできるストレージが表示されます。バックアップ先のストレージをクリックし🅰、<ディスクを使用>をクリックします🅱。

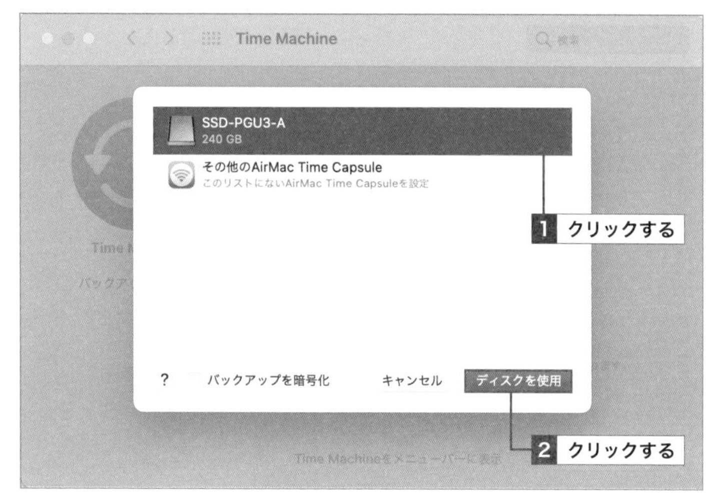

4 バックアップ先のデータを消去する

図のような画面が表示された場合は、<消去>をクリックします🅰。

5 バックアップが開始する

<Time Machineをメニューバーに表示>にチェックを入れます🅰。しばらくすると、自動的にバックアップが開始します。以後、ハードディスクを接続していれば1時間ごとに自動的にバックアップが行われます。

Section 100 バックアップしたデータを復元するには？

▼覚えておきたいキーワード
過去のファイル
復元
TimeMachine

Time Machineを使えば、バックアップしたファイルをかんたんに復元することができます。間違えて削除してしまったデータも、Time Machineを使えば復元できます。ここでは、データの復元方法を紹介します。

1 過去のファイルを一覧表示する

1 Time Machineを表示する

バックアップされたハードディスクが接続された状態で、ステータスメニューの をクリックし1、<Time Machineに入る>をクリックします2。

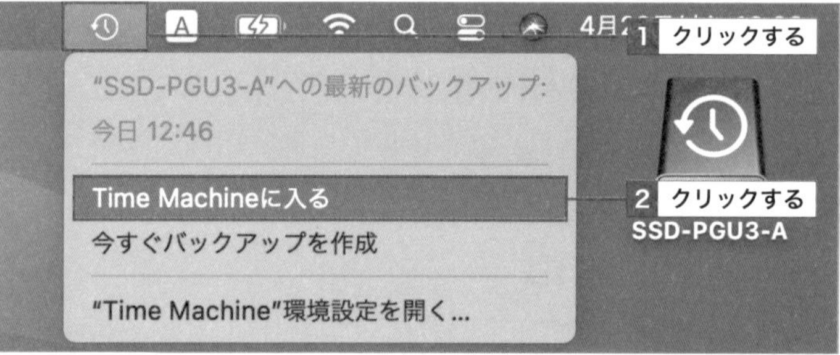

2 ファイルが一覧表示される

Time Machineの画面が表示されます。Finderが手前から奥にかけて時系列に並んでいます。

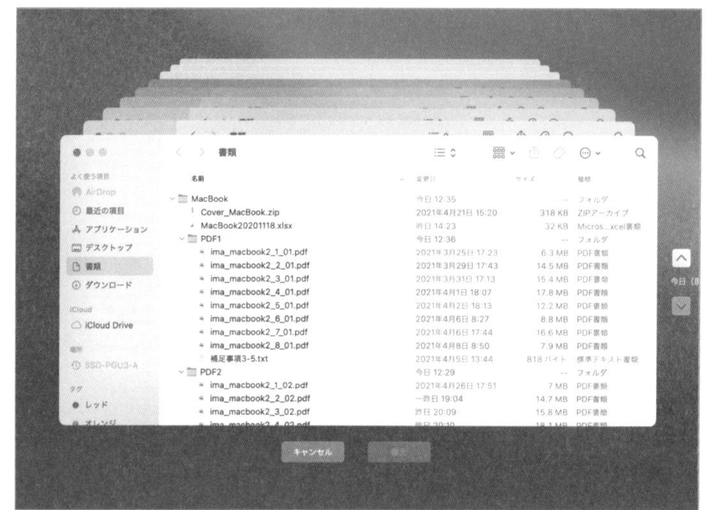

Step Up Time MachineのバックアップはMacBookのデータ移行にも使える

Time Machineでバックアップしたファイルは、MacBookのデータを移行する際にも使用できます。新しいMacBookでもこれまでと同様の環境で作業できるのでとても便利です。

2 ファイルを復元する

1 日付を設定する

∧と∨をクリックして日付を設定し1、復元したいファイルを探します。

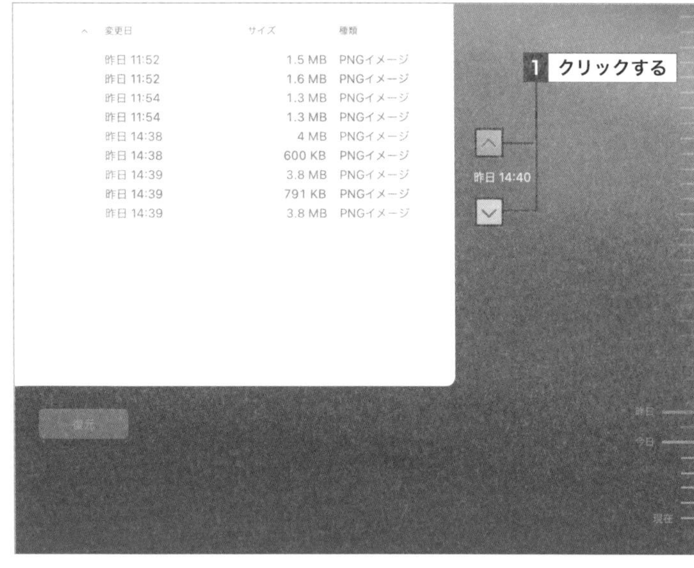

2 復元するファイルを選ぶ

復元したいファイルをクリックし1、<復元>をクリックします2。

3 ファイルを残すかどうか選択する

ファイルを復元したフォルダに同名のファイルがある場合、どのファイルを残すかクリックして選択します1。その後、ファイルが復元されます。

Section 101

OSを最新の状態にするには？

▼覚えておきたいキーワード
macOS
アップデート
再起動

MacBookのOSであるmacOSは、App Storeから最新版にアップデートすることができます。アップデートをすることで、不具合がなくなったり、セキュリティが向上したりするので、必ずアップデートするようにしましょう。

1 macOSをアップデートする

1 システム環境設定を開く

Sec.06を参考に「システム環境設定」を開き、＜ソフトウェアアップデート＞をクリックします**1**。

2 アップデートがあるか確認する

アップデートの確認が行われ、アップデートがある場合は、＜今すぐアップデート＞と表示されているのでクリックします**1**。＜今すぐ再起動＞と表示されている場合も同様にクリックします。

Memo OSのバージョンの確認方法

自分が使用しているOSのバージョンがわからない場合は、をクリックし、＜このMacについて＞をクリックして表示される画面で確認することができます。

3 規約に同意する

アップデートに関する規約が表示された場合は、確認して<同意する>をクリックします1。

日本語

Apple Inc.
macOS Big Surソフトウェアライセンス契約

Appleブランドのシステムでの使用

Appleソフトウェアを使用される前に、本ソフトウェアライセンス契約（以下「本契約」といいます）をよくお読みください。 お客様は、当該Appleソフトウェアをご使用になることで、本契約の各条項の拘束を受けることに同意されたことになります。 本契約の各条項に同意されない場合は、当該Appleソフトウェアをインストールおよび/または使用を行わず、各条項に「同意します」または「同意しません」の選択肢が提示されている場合は「同意しません」ボタンをクリックしてください。お客様がAppleハードウェアを購入する際にその一部として当該Appleソフトウェアを取得された場合で、本契約の各条項に同意されない場合は、すべての当該Appleハードウェアおよびソフトウェアパッケージを、返却期間内に、お客様が取得されたApple Storeまたは正規代理店へ返却の上、https://www.apple.com/legal/sales-support/ から確認いただけるAppleの返却ポリシーに従うことを条件に、払い戻しを受けることができます。お客様が払い戻しを受けるためには、すべてのハードウェアおよびソフトウェアを返却しなければなりません。

重要な通知：このソフトウェアは、マテリアルを複製、修正、公表、または頒布することに使用される限りにおいて、著作権の保護を受けないマテリアル、お客様が著作権を有するマテリアル、またはお客様が複製、修正、公表および頒布を許諾されたか法的に認められたマテリアルについて、複製、修正、公表または頒布するためにのみ、お客様に対してライセンスが付与されるものです。マテリアルの複製権についてご不明な点がありましたら、お客様の法律アドバイザーにご相談ください。

1. 総則
A. Appleブランドのハードウェアにプリインストールされているか、内蔵記憶装置、リムーバブルメディア、ディスク、読み出し専用メモリ、その他の記録媒体に、またはその他あらゆる形式で本契約が添付されているAppleソフトウェア（ブートROMコードを含む）、すべての第三者のソフトウェア、文書、インターフェイス、コンテンツ、フォントおよび一切のデータ（総称して「Appleソフトウェア」といいます）は、Apple Inc.（以下「Apple」といいます）が、お客様に対して、本契約条件に従う場合に限りライセンスを付与するものであり、販売するものではありません。また、Appleおよび/またはAppleのライセンサーは、Appleソフトウェア自体の所有権を保有し、お客様に明示的に付与されていない権利のすべてを留保します。お客様は、お客様の

1 クリックする

同意しない　同意する

4 ダウンロードが始まる

アップデートのダウンロード行われます。

5 アップデートが行われる

システムが一度終了し、MacBookが再起動します。再起動の途中、Appleマークが表示され、OSがアップデートされます。

Hint アップデートの通知

アップデートがあると、画面に通知が表示されることがあります。<再起動>をクリックすると再起動後にアップデートが行われ、<後で行う>をクリックするとアップデートするタイミングや翌日の再通知を選択できます。

ショートカットキー一覧

● ここでは、MacBookでのショートカットキーをWindowsと比較して紹介します。

機能	Mac	Windows
コピー	command + C	Ctrl + C
ペースト	command + V	Ctrl + V
カット	command + X [*1]	Ctrl + X
ファイルやフォルダの複数選択	command +クリック	Ctrl +クリック
すべて選択	command + A	Ctrl + A
検索	command + F	Ctrl + F
元に戻す	command + Z	Ctrl + Z
やり直す	command + shift + Z	Ctrl + Y
先頭に移動	command + ↑	Ctrl + Home
末尾に移動	command + ↓	Ctrl + End
行頭に移動	command + ←	Home
行末に移動	command + →	End
アプリケーションの切り替え	command + tab	Alt + Tab
アプリケーションを終了	command + Q	Alt + F4
アプリケーションの強制終了	command + option + esc	Ctrl + Shift + Esc
取り消し	esc	Esc
新規フォルダの作成	command + shift + N	Ctrl + Shift + N
新規ウインドウを開く	command + N	Windows + E
ウインドウの最小化	command + M	Windows + ↓
ファイルの保存	command + S	Ctrl + S
ファイル名の変更	return	F2
ファイルの情報を表示	command + I	Alt + Enter
ファイルのコピー	option +ドラッグ	Ctrl +ドラッグ
ファイルの移動	command +ドラッグ	Shift +ドラッグ
ファイルのプレビュー	space	–

ファイルを印刷	command + P	Ctrl + P
ファイルを閉じる	command + W	Ctrl + F4
ファイルの削除	command + delete	Delete
全画面のスクリーンショット撮影	command + shift + 3	Windows + PrintScreen
スクリーンショットツールの表示	command + shift + 5	Windows + Shift + S
サーバに接続	command + K	Ctrl + Windows + F
デスクトップの表示切り替え	fn + F11	Windows + D
ログアウト	command + shift + Q	Windows + L
ヘルプを表示	command + shift + ?	F1

*1…ファイルの移動に使う場合はP.65のStepUp参照

ショートカットキーの確認

MacBookでのショートカットキーはメニューバーから表示されるメニューの右横やショートカットキーカスタマイズの一覧(<システム環境設定>→<キーボード>→<ショートカット>)などで確認できます。その際、表示される記号とキーの対応は以下の通りです。

キー	記号
command キー	⌘
shift キー	⇧
control キー	^
option キー	⌥
delete キー	⌫

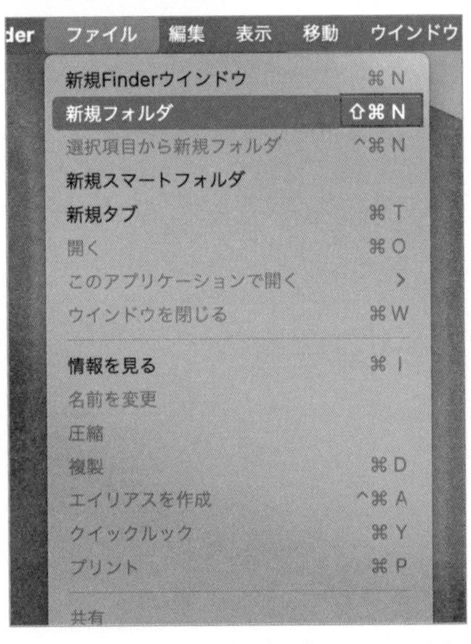

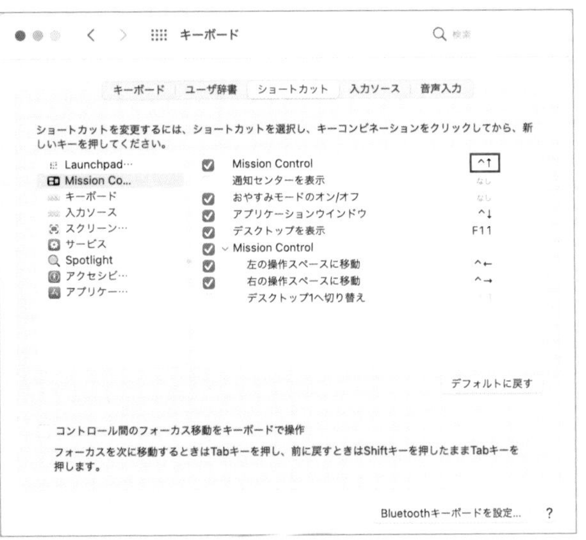

用語集

MacBookでよく使う操作や用語を、Windowsと比較して紹介します。

macOS

Appleの提供するMac専用のOSがmacOSです。本書執筆時点での最新バージョンはmacOS Big Surで、バージョン番号は11.3です。

Touch ID

Appleの提供する指紋認証機能です。MacBookでは電源ボタンが指紋認証センサーになっており、ログイン時などのパスワード認証代わりに使えます。

副ボタンクリック

副ボタンクリックとは、Windowsでの右クリックのことです。MacBookには右クリックボタンがないので、トラックパッドを2本指でクリックすると、Windowsの右クリックと同様の操作を行うことができます。

スワイプ／ピンチ

MacBookではトラックパッドを複数の指を使って行う操作があります。スワイプは指を払うように動かす操作、ピンチは指をつまんだり広げたりする操作のことです。

ウインドウを閉じる／しまう／フルスクリーン

MacBookでは、ウインドウを操作するボタンが左上に3つあります。Windowsと異なり、ウインドウを閉じてもアプリによっては終了しなかったりするなどの違いがあります。

カット／ペースト

Windowsでは、文字や画像を「切り取り」「貼り付け」することがあります。MacBookでは、切り取りを「カット」、貼り付けを「ペースト」といいます。

Appleメニュー

Windowsでは、「スタート」メニューからシステムを終了したり再起動したりします。Macでは左上にあるAppleメニューがそれに相当します。

ステータスメニュー

Windowsでは、タスクバーからシステムの状態確認や設定の変更が行えますが、MacBookでは画面右上のステータスメニューで確認／変更を行います。

Dock／Launchpad

Windowsではタスクバーやスタートメニューからアプリケーションを起動しますが、MacBookでは画面下のDockからよく使うアプリケーションを起動します。すべてのアプリケーションはLaunchpadから起動します。

Mission Control

Windowsでは仮想デスクトップで複数のデスクトップを切り替えたり、タスクビューですべてのウィンドウを一覧表示することができますが、それらをまとめた機能がMacBookでのMission Controlです。

Spotlight／Siri

WindowsではCortanaで検索と音声コントロールが行えますが、MacBookでは検索をSpotlight、音声コントロールをSiriで行います。

通知センター

Windowsではアクションセンターに通知がまとめて表示されますが、MacBookでは通知センターに表示されます。さらにウィジェットを使えば、今日の予定なども確認できます。

システム環境設定

Windowsで環境を設定するには「Windowsの設定」や「コントロールパネル」を使います。MacBookでは「システム環境設定」で環境設定を行います。

ゴミ箱

Windowsでは「ごみ箱」ですが、MacBookでは「ゴミ箱」です。Dockの右端にあります。ファイルの削除のほか、外部メディアを取り外す際にも使用します。

Finder

Windowsではファイルの操作にエクスプローラーを使いますが、MacBookでは「Finder」を使います。

書類フォルダ

Windowsでは、オフィスアプリなどで作成されるファイルは「マイドキュメント」に保存されます。MacBookでは「書類」フォルダに保存されます。

エイリアス

Windowsでは、アプリやフォルダなどの「ショートカット」をつくることができます。MacBookではそのようなショートカットのことを「エイリアス」といいます。

プレビュー

MacBookではファイルを選択して「スペース」キーを押すとファイルの中身を見ることができます。ファイルを開かずに見ることができる便利な機能です。

Macintosh HD

Windowsでは、OSがインストールされているドライブは「Cドライブ」という名前ですが、MacBookでは「Macintosh HD」という名前になります。普段は表示されませんが、Finderの設定で表示することができます。外付けハードディスクなどを接続した場合も、それらに割り当てられている名前が表示されます。

iCloud／Apple ID

Appleの提供するクラウドサービスがiCloudです。iCloudのサインインに必要アカウントがApple IDです。Microsoftの提供するOutlook.comやOneDriveなどのクラウドサービスとMicrosoftアカウントとの関係と同じです。iPhoneやiPadとも連携できるので、それらのユーザにはとても便利でしょう。

索引

数字

英字

ア行

カ行

Index

マ行

ヤ行

ラ行

お問い合わせについて

本書に関するご質問については、本書に記載されている内容に関するもののみとさせていただきます。本書の内容と関係のないご質問につきましては、一切お答えできませんので、あらかじめご了承ください。また、電話でのご質問は受け付けておりませんので、必ずFAXか書面にて下記までお送りください。
なお、ご質問の際には、必ず以下の項目を明記していただきますよう、お願いいたします。

1　お名前
2　返信先の住所またはFAX番号
3　書名（今すぐ使えるかんたん やさしくわかる MacBook入門）
4　本書の該当ページ
5　ご使用の機種とOSのバージョン
6　ご質問内容

お送りいただいたご質問には、できる限り迅速にお答えできるよう努力いたしておりますが、場合によってはお答えするまでに時間がかかることがあります。また、回答の期日をご指定なさっても、ご希望にお応えできるとは限りません。あらかじめご了承くださいますよう、お願いいたします。

■お問い合わせの例

FAX

1 お名前
技術　太郎

2 返信先の住所またはFAX番号
03-XXXX-XXXX

3 書名
今すぐ使えるかんたん
やさしくわかる
MacBook入門

4 本書の該当ページ
89ページ

5 ご使用の機種とOSのバージョン
MacBook Pro
（Apple M1チップ）
macOS Big Sur（11.3）

6 ご質問内容
手順5の画面が表示されない

※ご質問の際に記載いただきました個人情報は、回答後速やかに破棄させていただきます。

■問い合わせ先

〒162-0846
東京都新宿区市谷左内町21-13
株式会社技術評論社　書籍編集部
「今すぐ使えるかんたん やさしくわかる MacBook入門」質問係
FAX番号　03-3513-6167

URL：https://book.gihyo.jp/116

今すぐ使えるかんたん やさしくわかる MacBook入門

2021年6月24日　初版　第1刷発行

著　者●技術評論社編集部＋マイカ
発行者●片岡　巌
発行所●株式会社 技術評論社
　　東京都新宿区市谷左内町21-13
　　電話　03-3513-6150　販売促進部
　　　　　03-3513-6160　書籍編集部
本文デザイン●リンクアップ
装丁●田邉　恵里香
DTP●リンクアップ
担当●田中　秀春
製本／印刷●大日本印刷株式会社

定価はカバーに表示してあります。

ISBN978-4-297-12150-1 C3055
Printed in Japan